高数叔高等数学入门

高数叔概率统计入门

张熙　孙硕◎主编

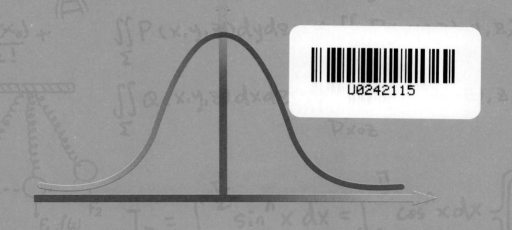

U0242115

石油工业出版社

图书在版编目（CIP）数据

高数叔概率统计入门 / 张熙，孙硕主编. —北京：
石油工业出版社，2019.4
（高数叔高等数学入门）
ISBN 978-7-5183-3128-4

Ⅰ. ①高… Ⅱ. ①张… ②孙 Ⅲ.①概率统计
Ⅳ. ①O211

中国版本图书馆CIP数据核字（2019）第014965号

高数叔概率统计入门
张熙　孙硕　主编

出版发行：石油工业出版社
　　　　　（北京安定门外安华里2区1号 100011）
网　　址：www.petropub.com
编 辑 部：(010) 64523610
图书营销中心：(010) 64523731　64523633
经　　销：全国新华书店
印　　刷：北京中石油彩色印刷有限责任公司

2019 年 4 月第 1 版　2022 年 7 月第 4 次印刷
710×1000 毫米　开本：1/16　印张：12
字数：160 千字

定 价：38.00 元

按照惯例应该有个序
但高数叔不按惯例讲
数学也可以不抽象
知识就该有普适的样

我们一起

让学习成为一种时尚

如果你准备好了

请开启

这段

神奇之旅

我们不生产分数

我们只是知识点的解说员

本书讲解视频

目录
Contents

概率论与数理统计这门课研究的是一些不确定的量，一些还没有发生确切结果的事情，以及一些教你如何预测未来的方法．在学习这门类似于"算命"的课之前，我们有必要复习一个高中的知识点——排列组合．

首先，我们还是要知道什么是排列组合．简单地说，排列就是从 n 个人里面挑出 m 个站成一列，并给他们排上序号；而组合，就是从 n 个人里面挑出 m 个组成一个组合，他们是一个整体．排列组合问题研究的中心是：计算在给定排列或组合的规则下可能出现的情况的总数．例如：在10个玩具里挑两个出来，分给两个小朋友，有几种分法，这是一个排列问题；而在10个玩具里挑两个出来，有几种挑法，这是一个组合问题．

排列组合的公式：

排列：$A_n^m = n(n-1)\cdots(n-m+1) = \dfrac{n!}{(n-m)!}$.

组合：$C_n^m = \dfrac{A_n^m}{m!} = \dfrac{n!}{m!(n-m)!}$；$C_n^m = C_n^{n-m}$.

排列组合问题的计算方法：

分类计数法：完成一件事，有n个不同的套路都可以，其中套路1有m_1种不同的方法，套路2有m_2种不同的方法……套路n有m_n种不同的方法，则完成这件事共有$N=m_1+m_2+\cdots+m_n$种方法．分类计数也叫"加法原理"！

分步计数法：完成一件事，共需要n个步骤，其中步骤1有m_1种不同的方法，步骤2有m_2种不同的方法……步骤n有m_n种不同的方法，则完成这件事共有$N=m_1 \cdot m_2 \cdots \cdot m_n$种方法．分步计数也叫"乘法原理"！

下面看几个有趣的例题．

例1 有6名同学排成一排，其中甲、乙两人必须排在一起的不同排法有多少种？

解：因甲、乙两人要排在一起，故将甲、乙两人捆在一起视作一人，与其余四人进行全排列有 A_5^5 种排法；而甲、乙两人之间有 A_2^2 种排法．所以由分步计数原理可知，共有 $A_5^5 \cdot A_2^2 = 240$ 种不同排法．

这种方法叫作"捆绑法"，通常题目会要求哪两个或哪几个元素必须紧挨在一起，这时候我们就先把这几个元素看作一个整体进行计算，之后再考虑这几个元素的排序问题．

例2　要排一张有6个歌唱和4个舞蹈节目的演出节目单，任何两个舞蹈节目不得相邻，有多少种不同的排法？

解：先将6个歌唱节目排好，其不同的排法为 A_6^6 种；这6个歌唱节目的空隙及两端共7个位置中再排4个舞蹈节目，有 A_7^4 种排法．由分步计数原理可知，任何两个舞蹈节目不得相邻的排法为 $A_6^6 \cdot A_7^4$ 种．

这种方法叫作"插空法"，与"捆绑法"问题相反，这类问题是要求某些元素不能相邻，也就是说必须由其他元素将它们隔开。此类问题可以先将其他元素排好，再将所指定的不相邻的元素插入到它们的空隙及两端位置。

例3　将8个完全相同的球放进3个不同的盒子中，要求每个盒子中至少有一个球，一共有多少种放法？

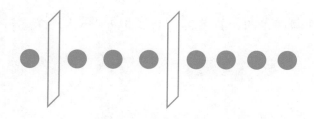

解：这个问题其实就是要将8个球分成3堆，我们把8个球排一排，在它们中间会出现7个空隙，我们在这7个空隙中插入两个"板儿"，这样就将8个球分成了3堆。那么问题就变成了7个空隙中选择两个的问题，共有$C_7^2 = 21$种放法。

这种方法叫作"插板法"，这类问题是要求将n个相同元素分成m组，并且每组中必须有元素存在。此类问题可以先将n个元素排一排，中间出现$n-1$个空隙，再将$m-1$个板插入这些空隙中，这样就将n个相同元素分成m组。

例 4 有甲、乙、丙三项任务，甲需由2人承担，乙、丙各需由1人承担，从10人中选派4人承担这三项任务，共有多少种不同的选法？

解法一：先从10人中选出2人承担甲项任务，再从剩下8人中选1人承担乙项任务，最后从剩下7人中选1人承担丙项任务．根据分步计数原理可知，不同的选法共有$C_{10}^2 C_8^1 C_7^1=2520$种．

解法二：从10人中选出4人共有C_{10}^4，再从4人中选2人承担甲项任务有C_4^2，再从剩下2人中选1人承担乙项任务有C_2^1，最后剩一个人完成丙项任务．根据分步计数原理可知，不同的选法共有$C_{10}^4 C_4^2 C_2^1=2520$种．

例 5 由数字0、1、2、3、4、5组成没有重复数字的六位数，其中个位数字小于十位数字的共有多少个？

解法一：按题意个位数只可能是0、1、2、3、4共5种情况，符合题意的共有$A_5^5 + A_4^1 A_3^1 A_3^3 + A_3^1 A_3^1 A_3^3 + A_2^1 A_3^1 A_3^3 + A_3^1 A_3^3 =300$个．

解法二：先排首位，不用0，有A_5^1种方法；再同时排个位和十位，由于个位数字小于十位数字，即按大小顺序固定，故有C_5^2种方法；最后排剩余三个位置，有A_3^3种排法．故共有符合要求的六位数$A_5^1 C_5^2 A_3^3 = 300$个．

例 6 四个不同的小球放入编号为1、2、3、4的四个盒子中，则恰有一个空盒的放法共有（　　）种？

解：先从四个小球中取两个放在一起，有C_4^2种不同的取法；再把取出的两个小球与另外两个小球看作三堆，并分别放入四个盒子中的三个盒子中，有A_4^3种不同的放法．依据分步计数原理，共有$C_4^2A_4^3=144$种不同的放法．

 这是一道排列组合的混合应用题目，这类问题的一般解法是先组（组合）后排（排列）．

关于排列组合的知识我们就讲到这里，在本书之后的学习中也会有很多这类问题的应用，重要的是遇到题目如何梳理思路，从问题出发，在已知条件中抽丝剥茧，判断出这是排列问题还是组合问题，或者是二者的结合，避免情况重复或缺失．

不好好学概率的海军司令干不了物流

  在第二次世界大战中，盟军运送物资的英美船队经常在某海域遭到德国潜艇的袭击，损失惨重．在靠武力无法解决这个难题的情况下，美国海军将领决定用脑力战胜对方，于是去请教了几位数学家．

  数学家将自己切换到概率模式，轻松发现运输舰队与敌军潜艇相遇是一个随机事件，一次运输是否与敌潜艇相遇是等可能的，并且如果运输舰队船只数量一定，编队规模越小，运输批次就会越多，而批次越多，与敌潜艇相遇的概率就越大．假如运输船的总量为100艘，按每队20艘船编队，就要编成5队；而按每队10艘船编队，就要编成10队．两种编队方式与敌潜艇相遇的可能性之比为5∶10=1∶2，也就是说批次少比较安全．而一旦与敌潜艇相遇，船队的规模越小，每艘船被击中的可能性就越大．因为德军潜艇的数量与所载弹药有限，每次袭击能够击沉的舰船数目基本相等．假设每次遭到敌潜艇袭击损失5艘运输船，那么，上述两种编队方式中每艘船被击中的可能性之比为$\dfrac{5}{20}∶\dfrac{10}{20}=1∶2$．

  综合这两点来看，100艘运输船，编成5队比编成10队的危险性小．换句话说，集体通过要比分散通过安全得多．于是美国海军命令船队提前在指定海域集合，再集体通过危险海区，然后各自驶向预定运送港口．这样一来，盟军运输物资的船队遇袭被击沉的概率由原来的25%降低为仅有1%，大大减少了损失，自此美国军方看数学家的眼神都和看上帝一样．

我们在平时生活中会遇到许多事先并不知道结果的情况，比如明天早上会不会下雨？如果七点钟出门会不会堵车？去银行办理业务需要排队吗？我买彩票会中奖吗？这些问题有些可能看上去很难预知，因为没有办法像解决其他数学问题那样，建立模型，然后求出它确定的解．然而在现实世界中，偶然事件扮演了一个非常重要的角色．概率论就是用数学对这些现象进行研究，设法用数学的确定性来描述随机的过程．

下面，我们从简单的情况入手，考虑掷骰（tóu）子这个"百看不厌"的例子，来引出概率论中的一些基本概念．

假设有一枚质量均匀的骰子，每个面的出现看上去应该是等可能的．如何验证呢？本着科学的态度，我们需要进行试验．如果这种试验满足：（1）可以在相同条件下重复进行；（2）每次试验的可能结果不止一个，并且能事先明确试验的所有可能结果；（3）进行一次试验之前不能确定哪一个结果会出现．那么我们就称之为"随机试验"．

我们先来考察掷骰子这个随机试验所有可能的结果. 我们把这些可能的结果组成一个样本空间，记为S：

$$S=\{1,2,3,4,5,6\}.$$

我们把随机试验每个可能的结果称作一个样本点. 显然，样本空间是由所有样本点组成的集合，但是在实际问题中我们可能只关心扔骰子点数是偶数的情况$\{2,4,6\}$，也就是在满足某些条件的情况下，可能产生的结果都有哪些. 很明显，这些结果的集合是样本空间集合的一个子集，我们称这些满足条件的情况为**随机事件**，简称**事件**，数学上通常用A、B、C这些大写字母来表示. 例如"掷骰子出现点数是偶数"可表示为集合$A=\{2,4,6\}$.

下面我们介绍几种特殊的事件：由一个样本点组成的单点集，称为基本事件，如"掷出最小点数"可表示为$B=\{1\}$；由于样本空间S包含所有的样本点，并且S也是其自身的子集，出现什么结果都包含在这个集合内，也就是说在每次试验中它总是发生的，因此我们称S为必然事件，如"出现点数是小于等于6的自然数"；由于空集ϕ不包含任何样本点，也可作为样本空间的子集，它在每次试验中都不发生，因此ϕ称为不可能事件，如"出现零点".

那么什么是事件发生呢？很简单，如果"扔骰子"这个随机试验扔出点数"2"就说事件"扔骰子点数是偶数"发生了，如果扔出"3"就说事件没发生，也就是说，随机事件这个集合中的任何一个元素出现，就说事件发生了. 在数学上就表示为，若某试验结果$x \in A$，则说明A发生.

还有一个概念——完备事件组。如果一组事件的结果集合，相互之间没有重复的元素，并且它们的并集恰好就是样本空间集合，则称这组事件为一个完备事件组．比如事件"扔出的点数是偶数"，$A=\{2,4,6\}$，事件"扔出的点数是奇数"，$B=\{1,3,5\}$，它们的结果没有重复的样本点，并且它们的并集就是整个样本空间$\{1,2,3,4,5,6\}$，因此A和B就是一个完备事件组，如图1-1所示．

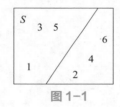

图 1-1

1. 随机事件的关系

如果我们想知道两个或多个事件之间的关系，怎么办？既然随机事件也可以用集合来表示，那么事件之间的关系就体现为集合之间的关系．

设试验E的样本空间为S，$A, B, A_k(k=1,2,\cdots)$是S的子集．

（1）若$A \subset B$，则称事件B包含事件A，也就是说事件A发生必然导致事件B发生．如图1-2所示．比如事件"成绩在80分以上"包含事件"成绩在90分以上"，也就是"成绩在90分以上"必然"成绩在80分以上"．所以，你的都是我的，而我的还是我的．

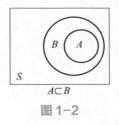

$A \subset B$

图 1-2

若$A \subset B$且$B \subset A$，则$A = B$，称两事件相等．这就是，你中有我，我中有你，相互包容，不离不弃．

（2）事件$A \cup B$称为事件A和事件B的和事件，A和B至少有一个发生，则事件$A \cup B$就是发生．如图1-3所示．推广：称$\bigcup\limits_{k=1}^{n} A_k$为$n$个事件$A_1$，$A_2$，$\cdots$，$A_n$的和事件．这就如同用排除大法找男朋友："没有责任感"——"NO"；"没有共同语言"——"NO"；"花心大萝卜"——"NO"！只要命中其中一条或几条，赶紧对他说"NO"吧！

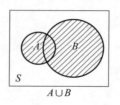

$A \cup B$

图1-3

（3）事件$A \cap B$称为事件A和事件B的积事件，A和B同时发生时，事件$A \cap B$才发生．如图1-4所示．推广：称$\bigcap\limits_{k=1}^{n} A_k$为$n$个事件$A_1$，$A_2$，$\cdots$，$A_n$的积事件．比如一个同时满足"穿增高鞋""卖富士苹果""会下象棋"的男人才是真正的"高富帅"．

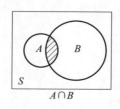

$A \cap B$

图1-4

（4）事件$A-B$称为事件A和事件B的差事件，A发生而B不发生时，事件$A-B$才发生．如图1-5所示．比如航空公司允许"5岁以上"但不能"超过80岁"的乘客单独乘坐飞机，那么5至80岁的小朋友们，恭喜你们可以单飞啦！

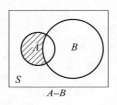

图1-5

（5）若$A\cap B=\varnothing$，则称为事件A和B是互不相容的，或互斥的，也就是A和B不能同时发生．如图1-6所示．比如唐伯虎恐怕一辈子也遇不到白雪公主．

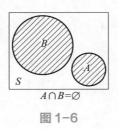

$A\cap B=\varnothing$

图1-6

（6）若$A\cup B=S$且$A\cap B=\varnothing$，则称为事件A和B互为逆事件或对立事件，也就是要么A发生B不发生，要么B发生A不发生．B的对立事件记为$\overline{B}$，$\overline{B}=S-B$．如图1-7所示．比如扔硬币，结果要么"正面"，要么"反面"，扔出立着的别和我说话！

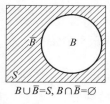

$$B \cup \bar{B}=S, B \cap \bar{B}=\varnothing$$

图1-7

2. 事件的运算

与集合运算一样，事件的运算也满足以下定律：

交换律：$A \cup B = B \cup A$；$A \cap B = B \cap A$.

结合律：$A \cup (B \cup C) = (A \cup B) \cup C$；

$A \cap (B \cap C) = (A \cap B) \cap C$.

分配律：$A \cup (B \cap C) = (A \cup B) \cap (A \cup C)$；

$A \cap (B \cup C) = (A \cap B) \cup (A \cap C)$.

德摩根律：$\overline{A \cup B} = \bar{A} \cap \bar{B}$；$\overline{A \cap B} = \bar{A} \cup \bar{B}$.

今天就讲这么多，内容有点杂，思维可能需要一个消化的过程，对于这些逻辑关系的理解其实并不难，多找些实际生活的例子想一想，再结合之后要学习的内容你会发现这门课十分有趣！

例1　设事件A_i表示第i名学生通过考试，现在有三名学生，请用A_i表示下列事件：

（1）三名学生全部通过考试；

（2）至少有一名学生挂科；

（3）只有一名学生挂科；

（4）最多有一名学生挂科；

（5）不多于两名学生挂科.

解：（1）三名学生全部通过，也就是A_1、A_2、A_3三个事件同时发生，即$A_1A_2A_3$；

（2）至少有一名学生挂科，这和"全部通过"是对立事件，即$\overline{A_1A_2A_3}$；

（3）只有一名学生挂科，而"1、2、3"都有可能是这"一名"，每种情况都要考虑，即$\overline{A_1}A_2A_3 \cup A_1\overline{A_2}A_3 \cup A_1A_2\overline{A_3}$；

（4）最多有一名学生挂科，也就是"没有学生挂科"或者"只有一名学生挂科"，即$A_1A_2A_3 \cup (\overline{A_1}A_2A_3 \cup A_1\overline{A_2}A_3 \cup A_1A_2\overline{A_3})$. 这样写感觉太密集恐惧了，强迫自己化简一下，并运算可以看作"加和"：

$$A_1A_2A_3 \cup \overline{A_1}A_2A_3 = A_1A_2A_3 + \overline{A_1}A_2A_3 = (A_1 + \overline{A_1})A_2A_3 = SA_2A_3 = A_2A_3,$$

$$A_1A_2A_3 \cup A_1\overline{A_2}A_3 = A_1A_2A_3 + A_1\overline{A_2}A_3 = A_1(A_2 + \overline{A_2})A_3 = A_1SA_3 = A_1A_3,$$

$$A_1A_2A_3 \cup A_1A_2\overline{A_3} = A_1A_2A_3 + A_1A_2\overline{A_3} = A_1A_2(A_3 + \overline{A_3}) = A_1A_2S = A_1A_2,$$

因此$A_1A_2A_3 \cup (\overline{A_1}A_2A_3 \cup A_1\overline{A_2}A_3 \cup A_1A_2\overline{A_3}) = A_2A_3 \cup A_1A_3 \cup A_1A_2$；

（5）不多于两名学生挂科，也就是"没有学生挂科"或"有一名学生挂科"或"有两名学生挂科"，这么一步一步算可以，但是太麻烦，我们发现这个事件把所有可能情况都快说全了，那我们可以反着想，考虑这个事件的对立事件"多于两名学生挂科"，也就是"三名学生全挂科"，这样我们可以将"不多于两名学生挂科"看成是"三名学生全挂科"的逆事件，即$\overline{\overline{A_1}\,\overline{A_2}\,\overline{A_3}} = A_1 \cup A_2 \cup A_3$.

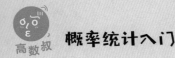

例2 化简 $(A+\overline{B})(\overline{A}+\overline{B})+\overline{(A+B)}+\overline{A}+B$.

解：利用公式一步步计算就好，

$$(A+\overline{B})(\overline{A}+\overline{B})=(A+\overline{B})\overline{A}+(A+\overline{B})\overline{B}=A\overline{A}+\overline{B}\,\overline{A}+A\overline{B}+\overline{B}\,\overline{B}$$
$$=\varnothing+\overline{B}\,\overline{A}+A\overline{B}+\overline{B}=\overline{B}(\overline{A}+A)+\overline{B}=\overline{B}S+\overline{B}=\overline{B},$$
$$\overline{(A+B)}+\overline{A}+B=\overline{A}\,\overline{B}+A\overline{B}=(\overline{A}+A)\overline{B}=\overline{B},$$

因此 $(A+\overline{B})(\overline{A}+\overline{B})+\overline{(A+B)}+\overline{A}+B=\overline{B}+\overline{B}=\overline{B}$.

叔 叔 鸡 汤

茫茫人海，每一次偶然的相遇都是早已
注定的必然.

第二回

频率与概率

通信中诞生的概率论

很多科学家都相信，概率统计这门科学最早是从巴斯卡和费马在1654年7至10月期间的7封通信中诞生的．巴斯卡最著名的成就是巴斯卡三角形，在我国叫"杨辉三角形"，也就是表示二项展开式系数的那个三角形；而费马应该更出名一些，比如大家熟知的"费马大定理"，在被提出300多年后的1993年才被证明出来．

1654年7月29日，巴斯卡首先给费马写信，提出了一些关于赌博的问题，请费马解决，比如：将两颗骰子掷24次，至少掷出一个"双6"的可能性小于0.5（现在我们能算出具体值 $1-(\frac{35}{36})^{24} \approx 0.49$）．但从另一方面看，投两个骰子只有36种等可能结果，而24已经占了36超过一半的数量了，为什么会有这样的"矛盾"？当然现在学过概率的知识后很容易就能回答这个问题，但在当时这确实是很难解释的．

这几封信全是讨论具体的赌博问题的，与前人一样，他们认为赌博的每个结果出现都是等可能的（也就是古典概型，或者等可能概型），并讨论计算"机遇数"(现在我们称为"概率")的方法．但在前人研究的基础上，他们充分利用组合工具、递推公式以及一些我们在本书第一回中学到的知识，很多方法沿用至今．

此外，他们还引进了赌博的值（value）的概念，这个"值"等于赌注乘以获胜的概率，这给了研究概率一个基准值．三年后，惠更斯将"值"定义为我们现在熟悉的"期望"（expectation），它也是概率论最重要的基本概念之一．

对一个事件，它在一次实验中可能发生也可能不发生．我们常常希望知道某些事件在一次实验中发生的可能性有多大，也就是找到一个合适的数来表征事件在一次试验中发生的可能性大小．

为此，我们先从大家熟悉的频率入手．例如，许多科学家在无聊的时候做过抛硬币试验，记录下出现正面的次数，如下表：

实验者	抛掷次数 n	出现正面的次数 n_A	出现正面的频率 $f_n(A)$
熙哥	3	1	0.3333
德摩根	2048	1061	0.5181
蒲丰	4040	2048	0.5069
K·皮尔逊	12000	6019	0.5016
K·皮尔逊	24000	12012	0.5005
维尼	30000	14994	0.4998

熙哥一共做了3次试验，出现正面1次，也就是出现正面的频率为 $\frac{1}{3}=0.33333$，如果就这样断定这个硬币出现反面的可能性更大显然太草率了．

再看看其他科学家，比熙哥努力得多，结果也更接近我们的想象．

这个"想象"中的频率到底是什么呢？容易理解，某事件A发生的频率就是n次试验中，事件A发生次数n_A与总试验次数 n的比值，通常记为$f_n(A)$. 为了便于观察，我们将这些试验次数和频率画在一幅图中.

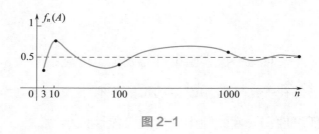

图 2-1

可以看出，频率是一个介于0到1之间的数；当n较小时，频率波动幅度较大；n逐渐增大时，它总是在0.5附近摆动，并且离0.5的距离越来越近.

由于频率描述了事件发生的频繁程度，因此事件出现的频率越高，说明它发生的可能性越大. 事实上，大量试验证实，当重复试验的次数n逐渐增大时，频率呈现出一种稳定性，逐渐稳定于某个常数，这个常数就是概率，常用$P(A)$来表示.

在后面的大数定律和中心极限定理一回中，我们会知道当$n \to \infty$时，频率$f_n(A)$在一定意义下接近于概率$P(A)$. 因此，我们就有理由将概率$P(A)$用来表征事件 A 在一次试验中发生的可能性的大小.

概率的性质

（1）对于每一个事件A，$0 \leqslant P(A) \leqslant 1$.

（2）对于必然事件S，有$P(S)=1$；对于不可能事件ϕ，有$P(\phi)=0$.

即注定是你的，总会来；注定不是你的，强求也是徒劳．

（3）对于彼此互不相容的事件 $A_1, A_2, \cdots$，和事件的概率就等于概率的和，即

$$P(A_1 \cup A_2 \cup \cdots) = P(A_1) + P(A_2) + \cdots.$$

例如，掷骰子出现1或2的概率，就等于出现1的概率加上出现2的概率．

（4）设 A、B 是两个事件，若 $A \subset B$，则有 $P(B) \geqslant P(A)$，$P(B-A) = P(B) - P(A)$，如图2-2所示．

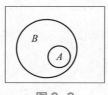

图2-2

例如，掷骰子试验中，设 $A = \{2\}$，$B = \{2,4,6\}$．由于每个点出现的概率是相等的，而 B 中包含更多的样本点，所以不难判断 B 发生的概率更大一些；事件 $B-A$ 就表示"出现4或6"，它发生的概率正好等于"出现2、4、6的概率"再减去"出现2的概率"．

（5）（逆事件的概率）对于任一事件 A，有 $P(\overline{A}) = 1 - P(A)$，如图2-3所示．

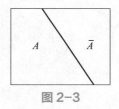

图2-3

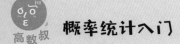

事物都是有两面性的，如果正面的概率不好判断，可以逆向思维，先求出反面的概率．比如要考虑"掷出点数不是 1"的概率，包含的情况很多，如果借助逆事件就方便多了，先考虑"掷出 1 点"的概率显然是 $\frac{1}{6}$，那么"掷出点数不是 1"的概率自然就是 $\frac{5}{6}$．

例1 随机事件 A 与 B 互不相容且 $A=B$，求 $P(A)$．

解：两个集合既相等，又没有交集，满足这个条件的就只有两个空集了，我们来看一下是不是这样：

因为 $A=B \Rightarrow A=A\bigcap B$，而 A 与 B 互不相容，因此 $A=A\bigcap B=\varnothing$，故 $P(A)=P(\varnothing)=0$．

例2 设 A、B 为两个随机事件，且 $P(A)=0.4$，$P(\overline{A}\bigcup B)=0.8$，求 $P(AB)$．

解：$\because P(\overline{A}\bigcup B)=P(\overline{A\overline{B}})=1-P(A\overline{B})=1-P(A-B)$

$\qquad\qquad =1-[P(A)-P(AB)]=0.8,$

$\therefore P(AB)=P(A)-(1-0.8)=0.2.$

简单画图如图2-4所示．

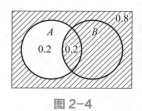

图2-4

**例3**　对于任意两事件A与B，如果$AB = \overline{A}\,\overline{B}$成立，

求$P(AB)$和$P(A \cup B)$.

解：（1）$\because AB = AB \cap B = \overline{A}\,\overline{B} \cap B = \overline{A} \cap (\overline{B} \cap B) = \overline{A} \cap \varnothing = \varnothing,$

$\therefore P(AB) = 0.$

（2）$P(A \cup B) = 1 - P(\overline{A \cup B}) = 1 - P(\overline{A}\,\overline{B}) = 1 - P(AB) = 1 - 0 = 1.$

也就是说，满足$AB = \overline{A}\,\overline{B}$这个条件，说明$A$、$B$是对立事件.

叔 叔 鸡 汤

奇迹之所以叫奇迹，是因为发生的概率真的很低.

第三回

古典概型

概率论的奠基人之一——隶莫弗

1718年，隶莫弗出版了《机遇论》一书，这本书和伯努利的《推测术》及拉普拉斯于1812年出版的《概率论的解析理论》称为概率论发展史上具有里程碑意义的三本书，另外两位在后面回目中会有介绍．

隶莫弗于1667年5月26日出生在法国维特里勒弗朗索瓦，1754年11月27日在英国伦敦去世．他出生在法国一个信教徒家中，19岁因为"信错教"被捕入狱，一关就是两年，21岁出狱后流亡到伦敦．他一直没有放弃对数学的研究，并取得了不小的成就，1697年当选为英国皇家学会会员．

隶莫弗在概率统计领域最大的贡献就是以他名字命名的中心极限定理——隶莫弗中心极限定理，这个听起来就很吓人的定理我们会在本书第十六回中接触到，那可能是整个概率论最不好理解的部分了．在隶莫弗提出中心极限定理的四十年后，拉普拉斯给出了中心极限定理较一般的形式，而中心极限定理最一般的形式到20世纪30年代才最后完成．

简单地说，中心极限定理所描述的就是，当样本量特别大趋于无穷大的时候，我们后面要学习的众多统计量的分布的极限形式都是正态分布．虽然这句话听起来一点也不简单，而且所有的名词都不知道是什么意思，但是这个思想可以说是奠定了数理统计的基本思想，意义非常重大．

古时候，人们的娱乐活动很少，为了解闷儿，发明了骰子，从此用骰子赌博这个游戏风靡至今，一直领先在时尚前沿. 之所以扔骰子赌博这么吸引人，是因为扔一次骰子这六个点数出现的可能性一样，人们猜中的机会是相等的，都有机会也都有风险. 早期的概率论也是由扔骰子游戏开始的，人们最开始研究的就是这类问题：一个随机试验（比如扔骰子），样本空间（S={1,2,3,4,5,6}）中所含的样本点为有限个(6个)，并且一次试验中每个基本事件的发生是等可能性的，也就是说每个样本点出现的可能性是一样的（每个点数出现的概率都为 $\frac{1}{6}$），后人把这个类型的概率问题叫作**古典概型**，或者**等可能概型**.

1. 古典概型计算公式

$$P(A)=\frac{A包含的基本事件数}{S中基本事件的总数},$$

这就是古典概型中事件 A 的概率的计算公式.

例如，我们考虑事件 A "骰子出现奇数点"，只要对 A 中的元素进行计数，然后除以样本空间的大小，即可知事件 A 发生的概率为 $P(A)=\frac{3}{6}=\frac{1}{2}.$

2. 几何概型

当随机试验E的基本事件个数不是有限个而是像风吹来的沙一样数也数不清时，我们就不能用古典概型来计算了．但是如果试验E的样本空间是一个长度，而任一点落在相同长度区域的可能性是相等的，比如在长度为1米的皮尺上任意投一个点，那么该点落在0至10厘米之间，或者落在20至30厘米之间的可能性应该是一样的．具有这种特点的就是几何概型，它的计算公式与古典概型是十分神似的：

$$P(A) = \frac{m(G_A)}{m(G)}.$$

其中，$m(G_A)$为事件A覆盖的长度，$m(G)$为整个样本空间的长度．当然，如果我们向一个二维平面的某个区域投点，那么$m(G_A)$和$m(G)$就表示事件A和整个样本空间的面积；如果向一个三维空间的某个区域投点，那么$m(G_A)$和$m(G)$自然就表示事件A和整个样本空间的体积．

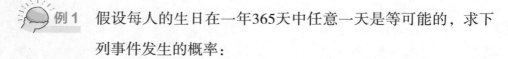

例1 假设每人的生日在一年365天中任意一天是等可能的，求下列事件发生的概率：

（1）事件A={3个人生日不同}；

（2）事件B={在30人的班级中，至少有两人生日相同}．

解：（1）这是一个典型的古典概型问题，那么基本事件的总数有多少呢？也就是三个人的生日有多少种可能性呢？每个人的生日都有365个可能性，那么三个人在一起就有365×365×365种可能性．而"3个人生日不同"这个事件的样本点数应该是"365天里面选3天的排

列"，也就是 $A_{365}^3 = 365 \times 364 \times 363$. 则

$$P(A) = \frac{365 \times 364 \times 363}{365 \times 365 \times 365}.$$

（2）至少有两人生日相同，这个可能性太多不好计算，我们思考它的对立事件，也就是"所有人生日都不同"，这个事件的概率应该是 $\dfrac{A_{365}^{30}}{365^{30}}$，因此

$$P(B) = 1 - \frac{A_{365}^{30}}{365^{30}}.$$

例2 从5双不同的鞋子中任取4只，求其中至少两只配成一双的概率.

解：很多同学都觉得概率的题拿过来无从下手，思路很乱. 我们一点点分析，先看在做什么事：5双鞋子中任取4只，也就是10只鞋任取4只；再从问题出发，找到要研究的事件，此题事件为"至少有两只配成一双的概率"，从中抓一个关键词"配成一双"，先看4只鞋能配成

图 3-1

双的数量只有0双、1双、2双这三种可能性，现在要求至少有1双，也就是配成1双或者2双. 如果设事件 A 为"至少有两只配成一双"，则对立事件 $\bar{A}$ 就为"4只全不一样". 下面我们用两种方法解决.

解法一：10只鞋任取4只的取法一共有 C_{10}^4 种. 我们先看只配成一双

的情况，共有$C_5^1 \cdot C_4^2 C_2^1 C_2^1$种可能性，其中$C_5^1$表示5双里配出1双有几种可能性，$C_4^2 C_2^1 C_2^1$表示剩下的两只从其他4双中的2双里取出（并且注意$C_2^1 C_2^1$表示一双鞋有两只，取到哪只不一定）；再看配成两双的情况，共有C_5^2种可能性．所以综合起来，至少有两只配成一双的概率就是

$$P(A) = \frac{C_5^1 C_4^2 C_2^1 C_2^1 + C_5^2}{C_{10}^4} = \frac{13}{21}.$$

解法二：我们也可以先求对立事件$\overline{A}$："4只全不一样"的概率，4只全不一样的可能性共有$C_5^4 \cdot C_2^1 C_2^1 C_2^1 C_2^1$，其中$C_5^4$表示5双里取4双有几种可能性，$C_2^1 C_2^1 C_2^1 C_2^1$表示每双中取到哪只不一定．所以得到：

$$P(A) = 1 - P(\overline{A}) = \frac{C_5^4 C_2^1 C_2^1 C_2^1 C_2^1}{C_{10}^4} = \frac{13}{21}.$$

例3 设一个袋中有7个球，其中白球4个、黑球3个，求下列问题：

（1）从中一次性取4个球，求恰好取到3个白球的概率；

（2）有放回地抽取4个球，求恰好取到3个白球的概率．

图3-2

解：（1）设A："从中一次性取4个球，求恰好取到3个白球"．

7个球一次性取4个，共C_7^4种可能性．恰好取到3个白球，也就是从4个白球中取出3个，并从3个黑球中取出一个，共$C_4^3 C_3^1$种可能性．因此

$$P(A) = \frac{C_4^3 C_3^1}{C_7^4}.$$

我们把这个方法推广一下，遇到类似"N件产品中有N_1件次品，从中一次性任意取出n件，其中恰好有n_1件是次品的概率"这种问题，都可以用下面套路解决：$\dfrac{C_{N_1}^{n_1} C_{N-N_1}^{n-n_1}}{C_N^n}$.

（2）设B："有放回地抽取4个球，求恰好取到3个白球".

有放回地取球，每次取到白球的概率都是$\dfrac{4}{7}$，取到黑球的概率都是$\dfrac{3}{7}$，因此"有放回地抽取4个球，求恰好取到3个白球"的概率应该是$P(B) = C_4^3 \cdot (\dfrac{4}{7})^3 \cdot \dfrac{3}{7}$.

这类问题同样可以推广，事实上，这类概率问题被称作"伯努利概型"，即n次重复试验，每次试验有两个结果A和$\overline{A}$，且$P(A)=p$，$P(\overline{A})=1-p$，则n次重复试验中A发生k次的概率为$C_n^k \cdot p^k \cdot (1-p)^{n-k}$.

人生就像赌博，怕输的人永远赢不了。

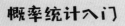

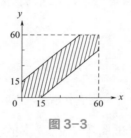

例4 甲、乙两人约定于下午4时至5时之间在某地相见，他们约好当其中一人先到后一定要等另一人15分钟，若另一人仍不到则可以离去，试求这两人能相见的概率.

解：假设甲、乙在这一个小时内任意时刻到的可能性都是一样的，所以这其实是一个几何概型. 我们可以用坐标轴来表示他们这一小时内到达的时刻，如果用x表示甲到达的时间，y表示乙到达的时间，则他们相遇的可能性可以用下图（图3-3）表示：

图 3-3

图中阴影部分就是他们可能相遇的区域，整个大正方形则表示他们所有到达时间的可能性，因此根据几何概型的特性，他们相遇的概率就等于阴影部分的面积比上正方形的面积，即

$$P(|x-y|\leq 15) = \frac{60^2 - 2 \cdot \frac{1}{2} \cdot 45^2}{60^2} = \frac{7}{16}.$$

第四回

条件概率与乘法公式

概率论奠基人之二——伯努利

"伯努利"这个瑞士的家族有不少于120个人分别在数学、科学、技术、工程乃至法律、管理、文学、艺术等方面都很有名望，以至于我们在很多领域都能看见伯努利定理、伯努利方程、伯努利公式等，这些"伯努利"其实不是同一个人．其中最有影响力的有三位大神——雅各布、约翰和丹尼尔，我们要说的这位是雅各布·伯努利．

1654年12月27日，雅各布·伯努利生于巴塞尔，毕业于巴塞尔大学，17岁时获艺术硕士学位．当时的艺术指"自由艺术"，包括语法、演说、辩论、数学、音乐、几何和天文学共七大门类，当时人们觉得这些都是美的，所以都是艺术，不像现在街头卖艺会点武术的也说自己这是艺术．雅各布不仅是艺术硕士，他在22岁时又取得了神学硕士学位，同时还自学了数学和天文学．

雅各布与牛顿和莱布尼茨同时代，并和莱布尼茨有密切的通信往来，在微积分的发展中也做出了巨大的贡献．此外，他还与惠更斯长期保持通信，阅读过惠更斯的《机遇的规律》，由此引发了他对概率论的兴趣．他的概率论著作《推测术》，也是奠定了概率论发展的一部重要书籍，是在他生命最后的两年时间写的．这本书在1705年他去世时还没有整理好，后来是在莱布尼茨的敦促下，由其侄儿尼古拉·伯努利完成了书稿的整理和出版．书中包括了一个重要内容，就是以其名字命名的"伯努利大数定律"．

我们考虑这样一个问题：假设有3张彩票，其中只有1张是中奖奖券，现有3名同学依次无放回地抽取，问最后一名同学中奖的概率是否比其他同学小？

　　若抽到中奖奖券用 Y 表示，没抽到用 N 表示，那么所有可能的抽取情况为 $\Omega=\{YNN,\ NYN,\ NNY\}$，用 A_i 表示"第 i 名同学抽到中奖奖券"的事件，则由古典概型可知 $P(A_i)=\dfrac{k}{n}=\dfrac{1}{3}$．也就是说，抽签的顺序与中签的概率无关，这就是著名的"抽签原理"．所以，别再抱怨那些让女生先抽签的老师们了！

　　问题又来了，如果已经知道第一名同学未中奖，那么最后一名同学抽到中奖奖券的概率是多少？这个问题显然和上一个问题不同，多了一个条件，就是第一名同学未中奖，这个时候样本空间变为 $\Gamma=\{NYN,NNY\}$，那么由古典概率可知，最后一名同学抽到中奖奖券的概率为 $\dfrac{1}{2}$．所以当你发现前面的人没中的时候，你一夜暴富的机会就更大了！

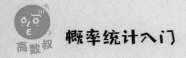

1. 条件概率的计算公式

设A、B是两个事件，且$P(A)>0$，称

$$P(B|A)=\frac{P(AB)}{P(A)}$$

为在事件A发生的条件下事件B发生的条件概率.

2. 条件概率的性质

（1）非负性：对于每一事件B，有$P(B|A)\geqslant 0$；

（2）规范性：对于必然事件S，有$P(S|A)=1$；

（3）可列可加性：设B_1, B_2, $\cdots$是两两互不相容的事件，则有

$$P\left(\bigcup_{i=1}^{\infty}B_i\Big|A\right)=\sum_{i=1}^{\infty}P(B_i|A).$$

注意

条件概率$P(B|A)$与一般概率$P(B)$是有区别的！$P(B)$是在试验条件下，样本空间是Ω；而$P(B|A)$以A发生为条件，样本空间缩小为A，相当于把A看作新的样本空间求AB发生的概率. 如图4-1所示.

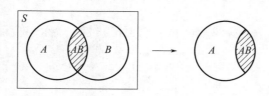

图4-1

3. 乘法公式

设$P(A)>0$，则有

$$P(AB)=P(B|A)P(A).$$

上式可推广到多个事件的积事件的情况．例如，设A、B、C为事件，且$P(AB)>0$，则有

$$P(ABC)=P(C|AB)P(B|A)P(A).$$

例1 已知$P(B)=0.4$，$P(A+B)=0.5$，求$P(A|\overline{B})$.

画图如图4-2所示．

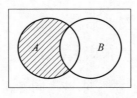

图 4-2

解法一：$P\left(A|\overline{B}\right)=\dfrac{P(A\overline{B})}{P(\overline{B})}=\dfrac{P(A+B)-P(B)}{1-P(B)}=\dfrac{0.1}{0.6}=\dfrac{1}{6}$；

解法二：$P\left(A|\overline{B}\right)=1-P(\overline{A}|\overline{B})=1-\dfrac{P(\overline{A}\,\overline{B})}{P(\overline{B})}=1-\dfrac{P(\overline{A\cup B})}{1-P(B)}=1-\dfrac{0.5}{0.6}=\dfrac{1}{6}$.

例2 一张储蓄卡的密码共有6位数字，每位数字都可以从0~9中任选一个，某人在银行自动提款机上取钱时，忘记了密码的最后一位数字，求：

（1）任意按最后一位数字，不超过2次就按对的概率；

（2）如果他记得密码的最后一位是偶数，不超过2次就按对的概率.

解：设A_i表示"第i次按对密码"，则不超过两次按对可表示为$A_1 \cup \overline{A_1}A_2$，第1次按对或第1次不对但第2次按对.

（1）因为A_1与$\overline{A_1}A_2$互斥，所以由加法公式有

$$P(A_1 \cup \overline{A_1}A_2) = P(A_1) + P(\overline{A_1}A_2) = \frac{1}{10} + \frac{9}{10} \cdot \frac{1}{9} = \frac{1}{5};$$

（2）在已知最后一位是偶数的条件下，样本空间缩小了. 设B表示"最后一位是偶数"，则

$$P(A_1 \cup \overline{A_1}A_2 | B) = P(A_1|B) + P(\overline{A_1}A_2|B) = \frac{1}{5} + \frac{4}{5} \cdot \frac{1}{4} = \frac{2}{5}.$$

例3 某班级某课程的不及格率为4%，而及格同学中将有25%的同学可以得到优秀，求该班同学得到优秀的概率.

解：这个题目包含了两个事件：A——及格；B——得到优秀. 如图4-3所示.

按题意可知$P(A)=1-4\%=96\%$，而$P(B|A)=25\%$；因为$B \subset A$，因此$B=AB$，于是有$P(B)=P(AB)=P(A)P(B|A)=0.96 \times 0.25=0.24$.

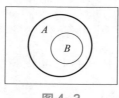

图4-3

第五回

全概率公式和贝叶斯公式

"扫地僧"级别的人物——贝叶斯

说到贝叶斯(1701—1761)，他在生前并不是什么特别知名的科学家，甚至没有发表过任何论著，在那个时代学者之间的交流主要通过信件往来，而很多科学家的成名都是因为这些信件的发表或传世，但是贝叶斯也没有什么像样的此类材料留下来，能证明他曾是个科学家的证据都不多，似乎这个人本不值得我们特地介绍.

但是，在现今的统计学界，关于统计推断领域的问题，分为两大学派，一个是频率学派，另一个就是贝叶斯学派. 为什么一个学派的祖师爷会是个默默无闻的人呢？难道他就是武侠小说里的"扫地僧"？其实，这是因为他的一篇题为《机遇理论中一个问题的解》的文章，这篇文章是在他去世之后的两年，也就是1763年才公之于众的，并在1764年首次发表，在20世纪突然受到人们的重视.

1958年，国际权威性的统计杂志《生物计量》重新刊载了这篇文章，这也成为贝叶斯学派的奠基石. 由于贝叶斯统计理论操作方便，解释也合理，使得很多频率学派的信徒也逐渐转投于此. 至于贝叶斯学派所坚持的理论这里就不说了，感兴趣的同学可以在学完基础知识后深入研究一下.

伊索寓言"孩子与狼"讲的是一个小孩每天到山上放羊，山里有狼出没．第一天，他在山上喊："狼来了！狼来了！"山下的村民闻声便去打狼，发现狼没有来．第二天仍是如此．第三天，狼真的来了，可无论小孩怎么喊叫，也没有人来救他，因为前两次他说了谎，人们不再相信他了．

下面，我们用概率论的相关知识来分析寓言中村民对这个小孩的可信程度是如何下降的．

我们首先记事件A为"认为小孩说谎"，事件B为"来救小孩"．最开始村民对这个小孩的印象为$P(A)=0.1$，$P(\overline{A})=0.9$．

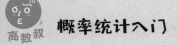

如果村民认为小孩没有说谎，他们一定会来救他，也就是说 $P(B|\overline{A})=1$；如果他们认为小孩调皮说谎了，也有30%的可能性会来救，即 $P(B|A)=0.3$．因此在小孩第一次喊"狼来了"时，村民会在判断小孩是否真的说谎的条件下进行决策，因此来救小孩的概率应该等于这两种情况对应的概率之和，即 $P(B)=P(BA)+P(B\overline{A})$．再由乘法公式，很容易得到

$$P(B) = P\big(B|A\big)P(A) + P\big(B|\overline{A}\big)P\big(\overline{A}\big) = 0.3 \times 0.1 + 1 \times 0.9 = 0.903.$$

说明村民对小孩的信任度还是很高的，所以选择来救．当他们发现狼并没有来，小孩说了谎的时候，对小孩的信任度就下降了，假设变为

$$P(A)=0.5, P(\overline{A})=0.5,$$

此时

$$P(B) = P\big(B|A\big)P(A) + P\big(B|\overline{A}\big)P\big(\overline{A}\big) = 0.3 \times 0.5 + 1 \times 0.5 = 0.65.$$

村民来救小孩的概率降低为65%，但他们还是来了．但发现第二次又被骗后，对小孩的印象跌入谷底，认为他说谎的概率变为0.9，即

$$P(A)=0.9, P(\overline{A})=0.1,$$

此时

$$P(B) = P\big(B|A\big)P(A) + P\big(B|\overline{A}\big)P\big(\overline{A}\big) = 0.3 \times 0.9 + 1 \times 0.1 = 0.37.$$

这表明村民们经过两次上当，再去救小孩的希望就比较渺茫了．

好，这样我们就从数学的角度解释了诚信的重要性，用到的就是传说中的全概率公式．

1. 全概率公式

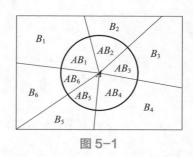

图 5-1

如图，一个样本空间 S 被 B_1、B_2、B_3、B_4、B_5、B_6 这样一个完备事件组（或一个划分）完美瓜分，事件 A 也被无情分解到各部分中去，现在我们要将这支离破碎的事件 A 拼起来：

$$P(A) = P(AB_1) + P(AB_2) + P(AB_3) + P(AB_4) + P(AB_5) + P(AB_6).$$

再根据之前学的乘法公式 $P(AB)=P(B|A)P(A)$，得

$$\begin{aligned}P(A) &= P(AB_1) + P(AB_2) + \cdots + P(AB_6) \\ &= P(A|B_1)P(B_1) + P(A|B_2)P(B_2) + \cdots + P(A|B_6)P(B_6).\end{aligned}$$

注意

我们这里是用6个部分的完备事件组说明的，请大家自行脑补到 n 个部分的情况：

$$P(A) = \sum_{i=1}^{n} P(A|B_i)P(B_i).$$

这就是全概率公式.

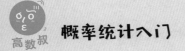
2. 贝叶斯公式

是时候让条件概率、乘法公式和全概率公式合体了，组成让人闻风丧胆的贝叶斯公式：

$$P(B_i|A) = \frac{P(B_iA)}{P(A)} = \frac{P(A|B_i)P(B_i)}{\sum_{j=1}^{n} P(A|B_j)P(B_j)} \;.$$

与全概率公式不同，贝叶斯公式是在已知事件A发生的条件下，判断完备事件组各部分B_i发生的概率. 做题的时候要理解题意，千万不要死记公式，不然死背贝叶斯会被贝叶斯噎死！

🔔 在很多情况下，完备事件组只包含两部分，也就是B和$\overline{B}$，这样可以得到特殊的全概率公式：

$$P(A) = P(A|B)P(B) + P(A|\overline{B})P(\overline{B}) \;;$$

贝叶斯公式：

$$P(B|A) = \frac{P(AB)}{P(A)} = \frac{P(A|B)P(B)}{P(A|B)P(B) + P(A|\overline{B})P(\overline{B})} \cdot$$

 例1 有一人要去外地参加一个会议，他乘坐飞机、动车和非机动车的概率分别为3/10、5/10、2/10，现在知道他乘坐飞机、动车和非机动车晚点的概率分别为1/12、1/4、1/3.（1）求他晚点的概率；（2）现在已知他晚点了，求他乘坐的是动车的概率.

解：设A——迟到，B_1——乘飞机，B_2——乘动车，B_3——乘非机动车.

（1）所求概率为$P(A)$，由全概率公式得：

$$P(A) = P(A|B_1)P(B_1) + P(A|B_2)P(B_2) + P(A B_3)P(B_3)$$

$$= \frac{1}{12} \cdot \frac{3}{10} + \frac{1}{4} \cdot \frac{1}{2} + \frac{1}{3} \cdot \frac{1}{5} = \frac{13}{60};$$

（2）所求概率为$P(B_2|A)$，由贝叶斯公式得：

$$P(B_2|A) = \frac{P(AB_2)}{P(A)} = \frac{P(A|B_2)P(B_2)}{P(A)} = \frac{\frac{1}{4} \cdot \frac{1}{2}}{\frac{13}{60}} = \frac{15}{26}.$$

例2 一道单选题有4个选项，一个考生可能真的会做，也可能不会做瞎猜一个．假设他会做的概率为1/3，而不会做瞎猜猜对的概率为1/4．现在已知他选对了，求他确实会做的概率．

解：题目看起来十分混乱，先来看一看问题中都涉及哪些事件："选对了"和"确实会做"．那我们就设事件A={选对了}，事件B={确实会做}，则所求概率为$P(B|A)$．

$$\text{选对}A \begin{cases} \overset{1}{\diagup}\ \text{会} \quad B \quad \dfrac{1}{3} \\[2mm] \underset{\frac{1}{4}}{\diagdown}\ \text{不会} \quad \overline{B} \quad \dfrac{2}{3} \end{cases}$$

B和$\overline{B}$组成了一个完备事件组，$P(B) = \frac{1}{3}$，$P(\overline{B}) = \frac{2}{3}$，不会做选对的概率为$P(A|\overline{B}) = \frac{1}{4}$，会做选对的概率为$P(A|B)=1$，则根据贝叶斯公式得

$$P(B|A) = \frac{P(AB)}{P(A)} = \frac{P(A|B)P(B)}{P(A|B)P(B) + P(A|\overline{B})P(\overline{B})} = \frac{\frac{1}{3} \cdot 1}{\frac{1}{3} \cdot 1 + \frac{2}{3} \cdot \frac{1}{4}} = \frac{2}{3}.$$

概率论奠基人之三——拉普拉斯

前文说到贝叶斯，活着一生默默无闻，死后几百年却引领时代潮流，可谓一代灵魂学者．虽然他的思想没能很早被人们发现和重视，但也有其他学者做着和其类似的研究，独立提出类似的思想，其中最重要也是最著名的就是拉普拉斯了．

和贝叶斯相反，拉普拉斯一生并不平凡，经历丰富且有大量的著作流传于世．他1749年生于法国，是著名的天文学家和数学家．1816年被选为法兰西学院院士，1817年任该院院长．在拿破仑皇帝时期和路易十八时期两度获颁爵位．拉普拉斯曾任拿破仑的老师，所以和政治也有一定关系．

拉普拉斯在1774年的一篇文章中提出了所谓的"不充分推理原则"，与贝叶斯的原则完全一样，也并未超出贝叶斯思想的范围，因此，现在统计学史上也把拉普拉斯视为贝叶斯统计的一个奠基者．1812年他发表了重要的《概率论的解析理论》一书，这本书汇集了40年以来概率论方面的进展以及拉普拉斯自己在这方面的发现，对概率论的基本理论作了系统的整理，这本书包含了几何概率、伯努利定理和最小二乘法原理等，以及最著名的拉普拉斯变换．因为此书，他也一直被当作概率论发展的奠基人之一．

问题：三个臭皮匠能顶一个诸葛亮吗？

诸葛亮自己一个人组成的团队PK臭皮匠三人组成的团队，他们解决同一个问题的概率分别为：诸葛亮解决问题的概率为0.85；臭皮匠老大解决问题的概率为0.5，老二为0.4，老三为0.3，要求臭皮匠团队成员必须独立解决，三人中至少有一人解决问题就算团队胜出，问臭皮匠团队与诸葛亮团队谁的胜算比较大？

臭皮匠团队的亲友团做了如下解释，设事件A：臭皮匠老大能解决问题；事件B：臭皮匠老二能解决问题；事件C：臭皮匠老三能解决问题；则臭皮匠团队胜出的概率为：

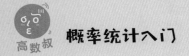
$$P=P(A)+P(B)+P(C)=0.5+0.4+0.3=1.2,$$

仨人加一块百分之一百二解决问题，所以臭皮匠团队必胜！

你认为这种计算方法靠谱吗？

为此，我们先考虑一个显而易见的例子．在大小均匀的5个球中有3个红球、2个白球，每次取一个，有放回地取两次，问在已知第一次取到白球（记作事件A）的条件下，第二次取到红球（记作事件B）的概率？

显然，对于放回抽样，第二次取到红球的概率不受第一次取球结果的影响，所求概率为 $P(B|A)=\dfrac{3}{5}=P(B)$．也就是说，当A的发生对B发生的概率没有影响时，会有$P(B|A)=P(B)$成立，进而可以得到$P(AB)=P(B|A)P(A)=P(A)P(B)$，此时我们就称这两个事件是相互独立的．

1. 事件独立性的概念

设A、B是两个事件，如果满足等式

$$P(AB)=P(A)P(B),$$

则称事件A、B相互独立，简称A、B独立．

下面是三个事件的独立性：

设A、B、C是三个事件，如果满足等式

$$P(AB)=P(A)P(B),$$

$$P(BC)=P(B)P(C),$$

$$P(AC)=P(A)P(C),$$

$$P(ABC)=P(A)P(B)P(C),$$

则称事件 A、B、C 相互独立.

2. 关于独立性的一些结论

（1）A 和 B 相互独立 $\Leftrightarrow P(AB) = P(A)P(B)$

$$\Leftrightarrow P(B) = P(B|A) \qquad (P(A) > 0)$$

$$\Leftrightarrow P(B|A) = P(B|\overline{A}) \quad (0 < P(A) < 1)$$

$$\Leftrightarrow P(A|B) = P(A|\overline{B}) \quad (0 < P(B) < 1).$$

（2）A 和 B 相互独立，则 A 和 $\overline{B}$、$\overline{A}$ 和 B、$\overline{A}$ 和 $\overline{B}$ 也相互独立. 这就是，当我转身的那一刻，你是你，我是我，我的一切都与你无关.

（3）若 $P(A)>0$，$P(B)>0$，A 和 B 相互独立与 A 和 B 互不相容不能同时成立，也就是独立则不互斥，互斥则不独立，因为

$$A 和 B 互不相容 \Leftrightarrow AB = \varnothing \Leftrightarrow P(AB) = 0,$$

这与 $P(AB) = P(A)P(B) > 0$ 是矛盾的.

（4）必然事件 S，与任何事件相互独立：

$$P(SA)=P(S)P(A)=P(A)；$$

不可能事件 $\varnothing$，与任何事件相互独立：

$$P(\varnothing A) = P(\varnothing)P(A) = 0.$$

例1 公元1053年，北宋大将狄青奉命征讨南方侬智高叛乱，他在誓师时，当着全体将士的面拿出100枚铜钱说："我把这100枚铜钱抛向空中，如果钱落地后100枚铜钱全部都正面朝上，那么，这次出征定能获胜."当狄青把100枚铜钱当众

抛出后，竟然全部都是正面向上．于是宋朝部队军心大振，个个奋勇争先，而侬智高部也风闻此事，军心涣散．狄青顺利地平定了侬智高的叛乱．同学们，你们说如果狄青不作弊这件事有可能发生吗？你能利用已有的知识把100枚铜钱正面向上的概率算出来吗？

解：每一枚硬币之间都是相互独立的，单独一枚硬币出现正面的概率是$\frac{1}{2}$，则100枚硬币同时出现正面的概率$\frac{1}{2^{100}} \approx 0$，也就是说这个概率非常小，几乎就是不可能发生的事．

因此狄青在不作弊的情况下能扔出100枚硬币正面向上是不太可能的，当时的铸币技术还是很容易做出两面一样的硬币的，小概率事件发生所产生的内心震撼使将士们士气大振从而取得胜利，可谓小概率成就大智慧！

例2 甲、乙、丙三人同时向同一架飞机射击，设他们三人打中的概率分别为0.4、0.5、0.7. 若三人中只有一个人打中，则飞机被击落的概率为0.2，若有两个人同时打中，则飞机被击落的概率为0.6，而三人如果同时都打中则飞机一定被击落. 求：

（1）飞机被击落的概率；

（2）飞机被击落而且只被一人打中的概率.

分析：思绪是否有些复杂？信息量确实有点大，那我们先来看看都有哪些事件发生，"打中飞机"和"飞机被击落"，而"打中飞机"还分为"被谁打中"和"被几个人打中".

解：设$A_i(i=1,2,3)$为飞机被i个人同时打中，$B=\{$飞机被击落$\}$，H_1、H_2、H_3分别为"被甲打中""被乙打中""被丙打中".

（1）所求概率为$P(B)$，A_1、A_2、A_3为一个完备事件组，所以由全概率公式得：

$$\begin{aligned}P(B) &= P(A_1B) + P(A_2B) + P(A_3B)\\ &= P(A_1)P(B|A_1) + P(A_2)P(B|A_2) + P(A_3)P(B|A_3)\\ &= 0.2P(A_1) + 0.6P(A_2) + P(A_3),\end{aligned}$$

而 $P(A_1) = P(H_1\overline{H_2}\overline{H_3}) + P(\overline{H_1}H_2\overline{H_3}) + P(\overline{H_1}\overline{H_2}H_3)$.

因为H_1、H_2、H_3是相互独立的，所以

$$\begin{aligned}P(A_1) &= P(H_1)P(\overline{H_2})P(\overline{H_3}) + P(\overline{H_1})P(H_2)P(\overline{H_3}) + P(\overline{H_1})P(\overline{H_2})P(H_3)\\ &= 0.4\times0.5\times0.3 + 0.6\times0.5\times0.3 + 0.6\times0.5\times0.7\\ &= 0.36.\end{aligned}$$

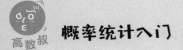
同理可以求出$P(A_2)=0.41$，$P(A_3)=0.14$，所以$P(B)=0.458$.

（2）所求概率为$P(A_1|B)$，

$$P(A_1|B)=\frac{P(A_1B)}{P(B)}=\frac{P(B|A_1)P(A_1)}{P(B)}$$
$$=\frac{0.2\times0.36}{0.458}\approx0.157.$$

例3 在一段线路中并联着三个独立自动控制开关，只要其中一个闭合线路就能正常工作，假定在某个时间内每个开关能闭合的概率都是0.7，计算在这段时间内线路正常工作的概率.

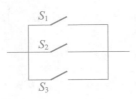

解：设A——线路正常工作，B_i——开关S_i闭合. 只要有一个开关闭合，线路就能正常工作，换句话说，只有三个开关都没有闭合的情况下，线路才无法正常工作，并且三个开关之间是相互独立的，因此

$$P(A)=1-P(\overline{B_1B_2B_3})=1-P(\overline{B_1})P(\overline{B_2})P(\overline{B_3})=1-0.3^3=0.973.$$

现在，我们在开始提到的"三个臭皮匠能顶一个诸葛亮吗"的问题就迎刃而解了. 臭皮匠团队获胜的概率为

$$P=1-P(\overline{ABC})=1-0.5\times0.6\times0.7=0.79.$$

看来三个臭皮匠还真的顶不过一个诸葛亮呢．但是，如果老二和老三努力提升自身素质，达到跟老大一样的水准，那臭皮匠团队获胜将不再是传奇！（可以自行验证）

叔叔鸡汤

看见奇迹不要迷信神明保佑，只是遇见了小概率事件发生而已，不常见但不是不能见！

第七回

一维离散型随机变量及其分布

容易记住的名字——泊松

  学过概率论与数理统计的人一定会记住两个名词：正态分布和泊松分布．就像学过微积分的人一定会记得有个方法叫"分部积分法"，也许只是因为名字特别而已．泊松(1781—1840)是法国数学家、几何学家和物理学家．1798年入巴黎综合工科学校深造，受到拉普拉斯和拉格朗日的赏识；1800年毕业后留校任教；1808年任法国经度局天文学家；1809年巴黎理学院成立，任该校数学教授；1812年当选为巴黎科学院院士．

  他是19世纪概率统计领域里的卓越人物．他改进了概率论的运用方法，特别是用于统计方面的方法，提出泊松近似公式，在此基础上建立了离散型分布中名气仅次于二项分布的泊松分布．并且推广了伯努利的"大数定律"得到泊松大数定律．数学中以他名字命名的定理、公式、方程等有很多：泊松定理、泊松公式、泊松方程、泊松分布、泊松过程、泊松积分、泊松级数、泊松变换、泊松代数、泊松比、泊松流、泊松核、泊松括号、泊松稳定性、泊松积分表示、泊松求和法……

有的时候，我们可能不是对试验的某个结果本身感兴趣，例如你在英国国家障碍赛马大赛上下了注，比起比赛结果你可更加关心你能赢多少钱，这里赢得的金额实际上就是比赛结果的一个函数，像这样的一种函数，我们称之为**随机变量**（*RV*）.

1.　随机变量

随机变量X是一个函数机器，它可以将随机试验的每一个结果e都变成一个**单实数**X(e)：

$$\boxed{\text{e}} \Rightarrow \boxed{\text{函数机器}X} \Rightarrow \boxed{X(\text{e})}$$

比如随机试验"扔硬币"：

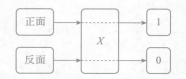

我们通过函数机器将原本用文字表示的随机试验结果变成了实数：

$$X（正面）=1，X（反面）=0.$$

简单地说，随机变量就是随机事件的一种数量表现，即不管试验的结果是数量型的（如某一时间内公交站等车的人数），还是非数量型的（如抛硬币的结果），我们都可以用数量来表示.

随机变量（RV）有以下一些需要注意的点：

（1）随机变量$X=X(e)$是一个单实值函数，随机试验的每个结果都对应一个单值实数；

（2）$X(e)$体现的是对随机事件的描述；

（3）$X(e)$的各个取值都有一定概率；

（4）试验之前可知$X(e)$的取值范围，但无法预知取到何值.

还是看"抛硬币"这个试验，样本空间$S=\{H, T\}$，引入RV将所有结果都用实数来表示：

$$X = \begin{cases} 1, & e = H, \\ 0, & e = T. \end{cases}$$

显然$P\{X = 1\} = P(H) = \dfrac{1}{2}$，$P\{X = 0\} = P(T) = \dfrac{1}{2}$，也可以表示成：

X	1	0
P	$\dfrac{1}{2}$	$\dfrac{1}{2}$

2. 离散型随机变量及其分布律

所谓离散型随机变量，就是指这个随机变量全部可能取到的值是有限个或者可列无限个，可列无限个指的是能与自然数一一对应上.

离散型随机变量的分布律：随机变量X取到各个可能值$x_k(k=1,2\cdots)$的概率$P\{X=x_k\}=p_k$称为随机变量X的概率分布，p_k称为分布律：

X	x_1	x_2	$\cdots$	x_n	$\cdots$
P_k	p_1	p_2	$\cdots$	p_n	$\cdots$

离散型随机变量的分布律可以通过一个表，把试验可能出现的结果（随机变量的各个取值）和每一个结果发生的可能性（每一取值对应的概率）列出来．显然概率p_k应满足非负性和全部概率之和为1的特性，即

（1）$p_i \geqslant 0$，$i=1,2,\cdots$

（2）$\displaystyle\sum_{i=1}^{\infty} p_i = 1$.

3. 常用的离散型随机变量

名称	符号	分布律	说明
0–1 分布	$B(1,p)$	$P\{X=1\}=p,$ $P\{X=0\}=1-p,$ $(0<p<1)$	试验只有两个可能结果 0 和 1，比如抛硬币，产品是否合格等
二项分布	$B(n,p)$	$P\{X=k\}=C_n^k p^k q^{n-k},$ $(0<p<1,q=1-p,$ $k=0,1,2,\cdots)$	n 重伯努利试验中 A 发生的次数服从二项分布，其中 p 为每次试验中 A 发生的概率．比如抛 10 次硬币正面出现的次数 X 服从 $B(10,\frac{1}{2})$
泊松分布	$P(\lambda)$	$P\{X=k\}=\dfrac{\lambda^k \mathrm{e}^{-\lambda}}{k!},$ $(\lambda>0,k=0,1,2,\cdots)$	一段时间间隔或一定范围内 A 发生的次数服从泊松分布，比如加油站一小时内来的汽车数量，一天内一个路段发生交通事故的次数等

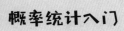

4. 泊松定理

设X服从二项分布$B(n, p)$，当n较大，p较小时，X近似服从泊松分布$P(np)$，即

$$P\{X = k\} = C_n^k p^k q^{n-k} \approx \frac{(np)^k \mathrm{e}^{-np}}{k!}.$$

在二项分布计算中，当遇到n很大，p很小，不好计算时，可以用泊松分布近似计算.

对于常用的离散型随机变量，首先需要大家能够根据试验的特点，判断出是什么分布；分布知道了，随机变量取每个值的概率就可以计算了.

5. 离散型随机变量分布函数

很多时候我们不仅想知道随机变量取到某个值的概率，还想知道X落在某个区间内的概率，我们可以用一个累加概率的函数来表示，这个函数叫**分布函数**：

$$F(x) = P\{X \leqslant x\}, (-\infty < x < +\infty),$$

就是把X所有小于等于x取值的概率加在一起，所以很明显：

（1）$F(x)$是一个不减函数，随x增大逐渐累积；

（2）$P\{a < X \leqslant b\} = F(b) - F(a)$；

（3）$0 \leqslant F(x) \leqslant 1$；$F(-\infty) = 0$；$F(+\infty) = 1$；

（4）$F(x)$右连续.

例1 设随机变量X的分布律为：

X	1	2	3
P	0.5	a	0.2

求（1）常数a；（2）X的分布函数$F(x)$，并画出$F(x)$图像.

分析：（1）由于分布律中概率之和等于1，可知$a=1-0.5-0.2=0.3$.

（2）尽管随机变量只取到三个值，但是不要忘记$F(x)$是定义在$(-\infty, +\infty)$上的，比如$x=1.5$：

$$
\begin{aligned}
F(1.5) &= P\{X \leqslant 1.5\} \\
&= P\{(X < 1) \bigcup (X = 1) \bigcup (1 < X \leqslant 1.5)\} \\
&= P(X < 1) + P(X = 1) + P(1 < X \leqslant 1.5) \\
&= 0 + 0.5 + 0 \\
&= 0.5.
\end{aligned}
$$

由此可知对一切$1 \leqslant x < 2$，都有$F(x)=0.5$；

如果$x=2.5$，则

$$
\begin{aligned}
F(2.5) &= P\{X \leqslant 2.5\} \\
&= P(X < 1) + P(X = 1) + P(1 < X < 2) + P(X = 2) + P(2 < X \leqslant 2.5) \\
&= 0 + 0.5 + 0 + 0.3 + 0 \\
&= 0.8.
\end{aligned}
$$

由此可知对一切$2 \leqslant x < 3$，都有$F(x)=0.8$；

如果$x=3.5$，则

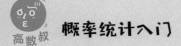
$$F(3.5) = P\{X \leqslant 3.5\}$$
$$= P(X < 1) + P(X = 1) + P(1 < X < 2) + P(X = 2)$$
$$+ P(2 < X < 3) + P(X = 3) + P(3 < X \leqslant 3.5)$$
$$= 0 + 0.5 + 0 + 0.3 + 0 + 0.2 + 0$$
$$= 1.$$

由此可知对一切$x \geqslant 3$，都有$F(x)=1$.

解：（1）a=1-0.5-0.2=0.3；

（2）根据前面的分析可以知道：

当x<1时，$F(x)$=0；

当$1 \leqslant x$<2时，$F(x)$=$P(X=1)$=0.5；

当$2 \leqslant x$<3时，$F(x)$=$P(X=1)+P(X=2)$=0.8；

当$x \geqslant 3$时，$F(x)$=1.

综上，X的分布函数为：

$$F(x) = P\{X \leqslant x\} = \begin{cases} 0, & x < 1, \\ 0.5, & 1 \leqslant x < 2, \\ 0.8, & 2 \leqslant x < 3, \\ 1, & x \geqslant 3. \end{cases}$$

分布函数图像为：

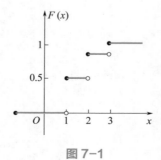

图 7-1

例2　设随机变量X的分布函数为：

$$F(x) = \begin{cases} 0, & x < -1, \\ 0.1, & -1 \leqslant x < 0, \\ 0.6, & 0 \leqslant x < 1, \\ 1, & x \geqslant 1. \end{cases}$$

求随机变量分布律.

解：通过上一题的分析很容易就能知道，随机变量X的取值为-1、0、1，并且

$P(X=-1)=P(X\leqslant -1)-P(X<-1)=0.1-0=0.1$,

$P(X=0)=P(X\leqslant 0)-P(X<0)=0.6-0.1=0.5$,

$P(X=1)=P(X\leqslant 1)-P(X<1)=1-0.6=0.4$.

所以随机变量分布律为：

X	-1	0	1
P	0.1	0.5	0.4

 这类题很简单，记住分布函数是一个累加的过程，并且是右连续的，也就是函数值会在随机变量的取值点出现向上跳跃，然后水平前进直到下一个取值点出现，而这个跳跃的差值就是该取值点的概率.

 例3　某一学生心理咨询中心服务电话接通率为$\dfrac{3}{4}$，某班3名同学商定明天分别就同一问题询问该服务中心，且每人只拨打一

次电话，求他们中成功咨询的人数ξ的分布.

分析：这里，3个人各做了一次试验，可以看成进行了三次独立重复试验A，且每一次拨通的概率都是$\dfrac{3}{4}$，即$P(A)=\dfrac{3}{4}$. 显然拨通这一电话的人数ξ即为事件A发生的次数，故ξ服从二项分布$B\left(3,\dfrac{3}{4}\right)$.

解：由$\xi \sim B\left(3,\dfrac{3}{4}\right)$，知$P\{\xi=k\}=C_3^k\left(\dfrac{3}{4}\right)^k\left(\dfrac{1}{4}\right)^{3-k}$，$k=0,1,2,3$，故分布律为

ξ	0	1	2	3
P	$\dfrac{1}{64}$	$\dfrac{9}{64}$	$\dfrac{27}{64}$	$\dfrac{27}{64}$

 例4 设有5件商品，其中有2件是次品，每次不放回取出一件测试，直到将2件次品都找到. 设第2件次品在第X次找到，求X的分布律.

分析：X最小也得是2，也就是最少要两次才能将2件次品都找到，而最多需要5次，所以X取值为2、3、4、5.

解：X取值为2、3、4、5，且有：

$$P\{X=2\}=\frac{A_2^2}{A_5^2}=\frac{2\times1}{5\times4}=0.1,$$

全部取法是5个里面取2个的排列，分子A_2^2表示前两次取到都是次品是2个里面取2个的排列；

$$P\{X=3\}=\frac{C_3^1C_2^1A_2^2}{A_5^3}=\frac{12}{5\times4\times3}=0.2,$$

全部取法是5个里面取3个的排列，分子C_3^1表示3件正品里取到1件，C_2^1表示前两次取到1件正品，A_2^2表示两件次品的次序不同；

$$P\{X=4\}=\frac{C_3^1A_3^2A_2^2}{A_5^4}=\frac{3\times3\times2\times2}{5\times4\times3\times2}=0.3,$$

全部取法是5个里面取4个的排列，C_3^1表示前三次里只取到1件次品，A_3^2表示前三次剩下两次取到2件正品，A_2^2表示两件次品的次序不同；

$$P\{X=5\}=1-P\{X=4\}-P\{X=3\}-P\{X=2\}=0.4,$$

因为概率总和为1，算出其他的最后一个用1一减就可以了，节省很多计算时间.

叔叔鸡汤

一个人成功与学历的相关度，可能只有30%，所以不要在学业不顺的时候迎风流泪，也不要问为啥当年学习最差的同学却成了亿万富翁.

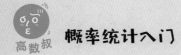

综上 X 的分布律为：

X	2	3	4	5
P	0.1	0.2	0.6	0.1

这类题目的计算最主要在于分析，先理清各种可能性，然后在计算时一定要想好需不需要考虑次序问题，也就是到底使用排列还是组合，这是关于逻辑思维的培养，大家只能通过多做题来熟练思维，没有什么捷径.

第八回

一维连续型随机变量及其概率密度

高斯与正态分布

　　高斯和阿基米德、牛顿、欧拉并称为世界四大数学家，他自己则被称为"数学王子"．他一生成就非凡，以"高斯"命名的成果达110个，是数学家中最霸道的存在了．高斯(1777—1855)，出生在德国，是犹太人，聪明是这个人种的日常属性，因此很小的时候高斯就表现出了过人的数学天赋，长大后更是极其逆天！

　　高斯的研究领域可谓"上知天文、下晓地理、中通数学"．1809年，高斯发表了数学和天体力学的名著《绕日天体运动的理论》，在此书末尾，他写了一节有关"数据结合"的问题，所描述的就与误差正态分布有关．1820年前后，高斯把注意力转向大地测量，用数学方法测定地球表面的形状和大小，为了增加测量的精确度，他引进了所谓的高斯误差曲线．

　　正态分布又名高斯分布，因为是高斯第一次将其运用于天文学中的．这是一个在数学、物理及工程等领域都非常重要的概率分布，在统计学的许多方面有着重大的影响力．t分布、二项分布、泊松分布等的极限都为正态分布，感觉就是"长大后，我就成了你"，正态分布可能是一切分布的"祖宗"，谁都带着它的基因．

之前我们讲过，随机变量是一个函数机器，这个函数可以将随机试验的结果加工成实数输出．上一回讲的离散型随机变量指这个随机变量全部可能取到的值是有限个或者可列无限个，也就是所有可能值可以一个一个地列举出来，比如$X=1,2,3\cdots$，离散型随机变量最多可以取与自然数N同样多的数值．而本回我们要讨论的连续型随机变量，是指这个随机变量可以取到一个区间内的所有数值，比如$0\leqslant X\leqslant1$或$X\in(-\infty,+\infty)$，这些区间内都有无数多个点．我们知道对于随机变量的每一个取值，都要对应一个概率，并且这些概率的总和等于1，我们可以用一个分布律来表示离散型随机变量的分布情况，那么连续型随机变量又该如何表示呢？

我们先回忆一下，离散型随机变量的分布律：随机变量X取到各个可能值$x_k(k=1,2\cdots)$的概率$P\{X=x_k\}=p_k$称为随机变量X的概率分布，p_k称为分布律：

X	x_1	x_2	$\cdots$	x_n	$\cdots$
P_k	p_1	p_2	$\cdots$	p_n	$\cdots$

我们从图像上看，如图8-1所示：

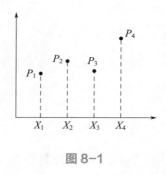

图 8-1

　　离散型随机变量的取值都是一个一个离散的点，而且每个取值对应一个概率，图中虚线的长度就是概率的大小，也就是所有这些虚线的长度之和等于1. 那么现在我们就来看看连续型随机变量应该如何表示，连续型随机变量的取值在(a,b)上是连续的，所以对应的概率也应该是连续的，如图8-2所示.

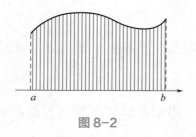

图 8-2

　　试想，如果把这些概率的取值连在一起，就形成了一条概率曲线. 所谓概率之和等于1，也就是所有点到x轴的距离之和等于1，换句话说，在这些线段足够密集的极限状态下，图中曲线下方阴影部分的面积应该等于1.

1. 连续型随机变量的概率密度函数

我们可以用一个函数 $f(x)$ 来表示图8-2中的这条曲线，并赋予 $f(x)$ 一个特殊的名字，叫作**概率密度函数**. 显然，这条概率密度函数的曲线一定位于 x 轴的上方，即 $f(x) \geqslant 0$；并且曲线下方阴影部分的面积等于1，根据定积分的几何意义，也就是 $\int_{-\infty}^{+\infty} f(x) \mathrm{d}x = 1$.

2. 连续型随机变量分布函数

先来回忆离散型随机变量的分布函数：

$$F(x) = \sum_{x_k \leqslant x} P\{x_k \leqslant x\} \ (-\infty < x < +\infty).$$

它表示把小于等于 x 的全部取值的概率加在一起. 那么对于连续型随机变量，把小于等于 x 的全部取值的概率加在一起，就等于下图中阴影部分的面积，如图8-3所示.

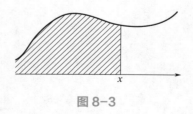

图8-3

我们知道，曲线下方面积可以用积分来计算，所以连续型随机变量的分布函数为：

$$F(x) = \int_{-\infty}^{x} f(t) \mathrm{d}t.$$

那么 x 落在某个区间 $[x_1, x_2]$ 内的概率就可以表示为（如图8-4）：

$$P(x_1 < X \leqslant x_2) = F(x_2) - F(x_1) = \int_{x_1}^{x_2} f(t)\mathrm{d}t.$$

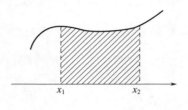

图 8-4

 对于连续型随机变量，在一个点上求积分是没有意义的，因为它下方的面积为零，所以对于所求范围内的任意一点a，始终有$P(X=a)=0$. 因此，概率密度函数的取值不是X等于某一个具体值的概率，它反映的是X在某一点处分布的密集程度. 所以，对于连续型随机变量，我们不再考虑单单某一个取值出现的概率，而是寻求试验所产生的结果落在某个区间内的概率.

3. 常用的连续型随机变量

分布名称	表示符号	概率密度函数	图像
均匀分布	$U(a, b)$	$f(x) = \begin{cases} \dfrac{1}{b-a}, & a < x < b, \\ 0, & 其他 \end{cases}$	
正态分布	$N(\mu, \sigma^2)$	$f(x) = \dfrac{1}{\sqrt{2\pi}\sigma}\mathrm{e}^{-\frac{(x-\mu)^2}{2\sigma^2}}$ $(-\infty < x < +\infty)$	

续表

分布名称	表示符号	概率密度函数	图像
标准正态分布	$N(0, 1)$	$\Phi(x) = \dfrac{1}{\sqrt{2\pi}}\, e^{-\frac{x^2}{2}}$ $(-\infty < x < +\infty)$	
指数分布	$e(\lambda)$	$f(x) = \begin{cases} \lambda e^{-\lambda x}, & x > 0, \\ 0, & x \leqslant 0 \end{cases}$	

特别地，对于正态分布 $N(\mu,\sigma^2)$，有一些非常重要的性质：

（1）其概率密度曲线关于直线 $x=\mu$ 对称，当 $x<\mu$ 时单调上升，当 $x>\mu$ 时单调下降，当 $x=\mu$ 时取到最大值；在 $x=\mu\pm\sigma$ 处有拐点；并且以 $f(x)=0$ 为水平渐近线；

（2）对于标准正态分布 $N(0,1)$，分布函数满足 $\Phi(-x)=1-\Phi(x)$；

（3）若 $X\sim N(\mu, \sigma^2)$，则 $Z = \dfrac{X-\mu}{\sigma} \sim N(0,1)$. 也就是说，对于一个本身服从正态分布 $N(\mu, \sigma^2)$ 的随机变量 X，如果对随机变量的每个取值都减掉 μ 再除以 σ，则变化后的随机变量 Z 服从标准正态分布. 那么我们可以得到，X 的分布函数 $F(x)$ 与 Z 的分布函数 $\Phi(x)$ 的关系：

$$F(x) = P\{X \leqslant x\} = P\left\{\frac{X-\mu}{\sigma} \leqslant \frac{x-\mu}{\sigma}\right\} = P\left\{Z \leqslant \frac{x-\mu}{\sigma}\right\} = \Phi(\frac{x-\mu}{\sigma}).$$

有了这个关系，我们就可以利用标准正态分布表，来计算原正态分布的相关概率了：

$$P\{x_1 < X < x_2\} = P\{x_1 \leqslant X < x_2\} = P\{x_1 \leqslant X \leqslant x_2\} = P\{x_1 < X \leqslant x_2\}$$

$$= P\left\{\frac{x_1 - \mu}{\sigma} < \frac{X - \mu}{\sigma} \leqslant \frac{x_2 - \mu}{\sigma}\right\} = \varPhi(\frac{x_2 - \mu}{\sigma}) - \varPhi(\frac{x_1 - \mu}{\sigma});$$

$$P\{X \geqslant x\} = P\{X > x\} = P\{\frac{X - \mu}{\sigma} > \frac{x - \mu}{\sigma}\} = 1 - \varPhi(\frac{x - \mu}{\sigma}).$$

例1 设连续型随机变量X的概率密度为

$$f(x) = \begin{cases} \dfrac{2}{\pi\sqrt{1 - x^2}}, & 0 < x < c, \\ 0, & \text{其他}. \end{cases}$$

（1）确定c的值；

（2）求X的分布函数$F(x)$.

解：（1）由概率密度函数在$(-\infty, +\infty)$上积分等于1，则

$$\int_{-\infty}^{+\infty} f(x)\mathrm{d}x = \int_0^c \frac{2}{\pi\sqrt{1 - x^2}}\mathrm{d}x = \frac{2}{\pi}\arcsin x\Big|_0^c = \frac{2}{\pi}\arcsin c = 1,$$

所以$\arcsin c = \dfrac{\pi}{2} \rightarrow c = 1$.

（2）显然分布函数分段点为0和1，则

当$x<0$时，$F(x) = \displaystyle\int_{-\infty}^x f(t)\mathrm{d}t = 0$；

当$0 \leqslant x < 1$时，$F(x) = \displaystyle\int_{-\infty}^x f(t)\mathrm{d}t = \int_0^x \frac{2}{\pi\sqrt{1 - t^2}}\mathrm{d}t = \frac{2}{\pi}\arcsin t\Big|_0^x = \frac{2}{\pi}\arcsin x$；

当$x \geqslant 1$时，$F(x) = \displaystyle\int_{-\infty}^x f(t)\mathrm{d}t = \int_{-\infty}^0 f(t)\,\mathrm{d}t + \int_0^1 f(t)\,\mathrm{d}t + \int_1^x f(t)\,\mathrm{d}t = 1$.

所以，随机变量的分布函数为：

$$F(x) = \begin{cases} 0, & x < 0, \\ \dfrac{2}{\pi}\arcsin x, & 0 \leqslant x < 1, \\ 1, & x \geqslant 1. \end{cases}$$

若随机变量X的概率密度为：

$$f(x) = \begin{cases} g(x), & a \leqslant x < b, \\ 0, & \text{其他}, \end{cases}$$

则X的分布函数为：

$$F(x) = \begin{cases} 0, & x < a, \\ \displaystyle\int_a^x g(t)\mathrm{d}t, & a \leqslant x < b, \\ 1, & x \geqslant b. \end{cases}$$

例2 假设某市高考考生成绩ξ服从正态分布$N(500, 100^2)$，现有考生25000名，计划招生10000名，试估计录取分数线.

解：设录取分数线为a，那么分数超过a的概率应为录取率，也就是

$$P\{\xi \geqslant a\} = \frac{10000}{25000} = 0.4.$$

因为$\xi \sim N(500, 100^2)$，所以$\dfrac{\xi - 500}{100} \sim N(0,1)$，故

$$0.4 = P\{\xi \geqslant a\} = P\left\{\frac{\xi - 500}{100} \geqslant \frac{a - 500}{100}\right\} = 1 - \Phi\left(\frac{a - 500}{100}\right),$$

于是有 $\Phi\left(\dfrac{a - 500}{100}\right) = 1 - 0.4 = 0.6.$

从标准正态分布表中查得 $\Phi(0.25) = 0.5987 \approx 0.6$，因此$\dfrac{a - 500}{100} \approx 0.25$，即$a \approx 525$. 由此可以估计录取分数线约为525分.

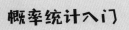

例3 假设人的寿命服从指数分布，那么一个60岁的老人和一个刚出生的婴儿能够再活十年的概率是否相等？

解： 不妨设人的寿命 $X \sim e(\lambda)$，那么一个60岁老人再活十年的概率可以表示为 $P(X \geqslant 70 | X \geqslant 60)$，利用条件概率和指数分布的分布函数，可以得到

$$P\{X \geqslant 70 | X \geqslant 60\} = \frac{P\{X \geqslant 70, X \geqslant 60\}}{P\{X \geqslant 60\}} = \frac{P\{X \geqslant 70\}}{P\{X \geqslant 60\}}$$

$$= \frac{1 - F(70)}{1 - F(60)} = \frac{\mathrm{e}^{-70\lambda}}{\mathrm{e}^{-60\lambda}} = \mathrm{e}^{-10\lambda};$$

同样方法，我们也可以计算出一个刚出生的婴儿能够再活十年的概率为

$$P\{X \geqslant 10 | X \geqslant 0\} = \frac{P\{X \geqslant 10, X \geqslant 0\}}{P\{X \geqslant 0\}} = \frac{P\{X \geqslant 10\}}{P\{X \geqslant 0\}}$$

$$= \frac{1 - F(10)}{1 - F(0)} = \frac{\mathrm{e}^{-10\lambda}}{\mathrm{e}^{-0\lambda}} = \mathrm{e}^{-10\lambda}.$$

很难想象，一个60岁的老人和一个刚出生的婴儿能够再活十年的概率竟然是相等的，当然这些都基于人的寿命服从指数分布的前提，这个特性就叫作指数分布的"无记忆性"，也就是说，不管 s 为何值，始终有 $P\{X > s + t | X > s\} = P\{X > t\}$.

第九回

随机变量的函数的分布

布丰投针的"奇迹"

布丰（1707—1788），法国科学家，在他70岁也就是1777年的某一天，他邀请一众好友来他家里见证一个"奇迹"。

他拿出一张纸平铺开，上面画着很多条等距的平行线，接着他又拿出一把小针，定睛观看会发现这些针的长度正好是平行线间距的一半。紧接着，布丰让所有人都拿一些针，开始随意地将针一根一根扔在纸上，并记录好每一根针是否与那些平行线相交。

就这样，客人们用了一个小时的时间，茫然地将针一根接一根地扔到纸上，做着重复的试验，布丰则在一旁认真地记录着。最后，布丰神秘地宣布："接下来，就是见证奇迹的时刻！刚才大家一共投针2212次，其中与平行线相交的有704次，总数2212与相交次数704的比值是3.142！这就是圆周率π的近似值！"

所有人都哗然了，有的感觉这个试验和圆周率没有半毛钱关系啊，有的感觉从来不知道圆周率是个什么东西啊！这时布丰解释道："这个问题可以用概率的知识解释，如果大家有耐心的话，再增加投针的次数，还能得到π的更精确的近似值。关于这个问题详细的解释大家可以看我的新书《或然算术试验》！"这波广告给满分。

这个问题也被称为布丰问题：如果纸上两平行线间相距为d，小针长为l，投针的次数为n，其中与平行线相交的次数是m，那么当n足够大时有：$\pi \approx \dfrac{2nl}{dm}$。这就是著名的布丰公式。

在实际中，我们常常对某些随机变量的函数更感兴趣. 比如，某批魔方的边长X是一个随机变量，已知X服从正态分布，那么它的体积会服从什么样的分布呢? 实际上，我们就是希望根据X的分布，来确定它的函数$Y=X^3$的分布.

很多同学会感觉这节有点"烦"，下面我们将通过具体例子，总结出两类随机变量的函数分布的求解大法.

1. 离散型随机变量的函数的分布

设随机变量X的分布律为

X	-2	-1	0	1	3
P	1/5	1/6	1/5	1/15	11/30

考虑$Y=X^2$的分布.

由前面的知识，我们知道要求随机变量Y的分布，就是确定Y所有可能的取值和取这些值对应的概率. 我们把整个过程分两步.

第一步，表中加一行，直接根据X的每一取值得到Y的所有取值：

X	-2	-1	0	1	3
$Y=X^2$	4	1	0	1	9
P	1/5	1/6	1/5	1/15	11/30

显然，每一列中对应的概率是没有变化的. 至此，实际上我们已经得到了Y的分布情况，但是由于$X=-1$和$X=1$这两种情况对应的Y值都是1，因此Y取1的概率就是$X=-1$和$X=1$对应的概率之和.

第二步，对Y取相同值的概率进行合并，可以得到Y的分布律：

Y	0	1	4	9
P	1/5	7/30	1/5	11/30

2. 连续型随机变量的函数的概率密度

考虑本回开始的那个问题：假设魔方的边长$X \sim N(10,1^2)$，试求它的体积$Y=X^3$的概率密度.

第一步，求出Y的分布函数$F_Y(y)$，其中y看作某一具体的常数：

$$F_Y(y) = P(Y \leqslant y) = P(X^3 \leqslant y),$$

这里，我们可以由$X^3 \leqslant y$，直接解出X对应的范围$X \leqslant \sqrt[3]{y}$，得到Y的分布函数$F_Y(y)$与X的分布函数$F_X(x)$之间的关系：

$$F_Y(y) = P(Y \leqslant y) = P(X^3 \leqslant y) = P(X \leqslant \sqrt[3]{y}) = F_X(\sqrt[3]{y}).$$

第二步，对上式两边同时求导，得到Y的概率密度f(y)：

$$f_Y(y) = F_Y'(y) = F_X'\left(\sqrt[3]{y}\right) \cdot \left(\sqrt[3]{y}\right)' = f_X\left(\sqrt[3]{y}\right) \cdot \frac{1}{3\sqrt[3]{y^2}}, (y \neq 0).$$

由$X \sim N(10, 1^2)$知，$f_X(x) = \frac{1}{\sqrt{2\pi}} e^{-(x-10)^2/2}$（$-\infty < x < +\infty$），因此可以得到Y的密度函数为

$$f_Y(y) = \frac{1}{3\sqrt{2\pi} \cdot \sqrt[3]{y^2}} e^{-\left(\sqrt[3]{y^2} - 10\right)^2/2} (y \neq 0).$$

这种先求$F_Y(y)$，再求导得到$f_Y(y)$的方法，就叫作"分布函数法"，其主要思想就是"找关系"，利用Y与X的函数关系，找到$F_Y(y)$与$F_X(x)$的关系，以及$f_Y(y)$与$f_X(x)$的关系. 具体步骤如下：

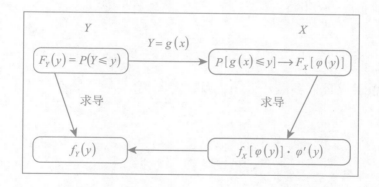

如果将函数关系改为$Y = X^2$，那情况就比较复杂了. 我们看，尽管在第一步中依然可将Y的范围$Y \leq y$转化为关于X的一个范围$X^2 \leq y$，即

$$F_Y(y) = P(Y \leq y) = P(X^2 \leq y),$$

但是，由于X和Y的关系并不简单（$Y = X^2$不随着X单调变化），因此我们无法像之前那样解出X始终大于等于某个值或始终小于等于某个值. 此

时，我们就需要根据y的范围来分情况讨论了．

（1）当$y \leqslant 0$时，$F_Y(y)=0$，因此$f_Y(y)=0$；

（2）当$y>0$时，此时可以由$X^2 \leqslant y$，解出$-\sqrt{y} \leqslant X \leqslant \sqrt{y}$，那么我们依然可以推出$F_Y(y)$与$F_X(x)$之间的关系：

$$F_Y(y) = P(Y \leqslant y) = P(X^2 \leqslant y) = P(-\sqrt{y} \leqslant X \leqslant \sqrt{y})$$
$$= F_X(\sqrt{y}) - F_X(-\sqrt{y}).$$

至此，最关键的一步就完成了．然后，两边求导就可以求出$F_Y(y)$的表达式了：

$$f_Y(y) = \begin{cases} f_X(\sqrt{y}) \cdot (\sqrt{y})' - f_X(-\sqrt{y})(-\sqrt{y})', & y > 0, \\ 0, & y \leqslant 0. \end{cases}$$

世上无难事，千万别放弃．要知熟能生巧，勤能补拙，只要功夫深，理想定成真！多做几道题，及格差不离！

叔 叔 鸡 汤

时间是所向披靡的武器，它能集腋成裘，也能聚沙成塔，将人生所有的不可能都变成可能．

第十回

二维离散型随机变量及其分布

用数学谱一曲美妙的音乐

　　古希腊时，人们发现琴弦所发出的声音与弦的长度是有关的，两根同样紧绷的弦，如果一根的长度是另一根长度的两倍，那么两根弦拨动时所发出的两个音正好相差八度；而如果两根弦的长度比是3∶2，则发出的两个音相差五度．可见发出的音高和长度之间是有一定比例的．后人在研究中得出了一系列比例关系：设有两个正整数p和q，其算术平均值$A=\dfrac{p+q}{2}$，几何平均值$G=\sqrt{pq}$，调和平均数$H=\dfrac{2pq}{p+q}$，它们之间在音乐中的关系为：$A\colon G=G\colon H$，$p\colon A=H\colon q$．前者被称为完全比例，后者被称为音乐比例．

　　1739年，丹尼尔·伯努利，也就是雅各布·伯努利的弟弟约翰·伯努利的儿子，在研究通过空气运动发声的乐器时运用了自己擅长的概率知识，在对弦乐器的研究中得出了二阶常微方程．而后来他又与大数学家欧拉等人对各种管乐器进行研究，设计了多变量的、高阶的偏微分方程．艺术家不可怕，就怕艺术家有文化．19世纪，法国大数学家傅立叶在对音调、音量和音色三大音乐要素进行全面研究时，证明了所有的乐音，包括器乐和声乐，都能用曲线来描述．音调与曲线的频率有关，音量与曲线的振幅有关，音色与周期函数的形状有关．例如，平台钢琴的键的外形轮廓呈现出指数曲线形状，而风琴的管呈现的是地道的直方图和近似的正态分布．

在前几回中我们学习了随机变量，知道了它可以将随机试验的每一个结果都变成一个单实数．有的时候，某些随机试验的结果需要同时用两个或两个以上的随机变量来描述．例如，研究炮弹落在地上的位置，就需要同时知道它的横坐标和纵坐标．我们仍用e来表示"发射炮弹"这个随机试验的结果，也就是它落地的位置，显然该点的位置是由它的横坐标$X(e)$和纵坐标$Y(e)$两个变量共同确定的．我们称这两个变量构成的向量叫作二维随机向量或二维随机变量．

形象地说，我们可以将二维随机变量看作两个函数机器，它们可以将随机试验的结果e变成两个实数$X(e)$和$Y(e)$输出：

随机变量$X=X(e)$和$Y=Y(e)$的结果两两组成一对，构成的向量(X,Y)就是二维随机变量，也就是说，我们始终要将两个结果放在一起作为一个整体进行研究．

首先，我们通过一个例子来看一下二维离散型随机变量及其分布．

1. 二维离散型随机变量的分布律

已知忽忽和悠悠二人都喜欢吃鸡，我们用X表示忽忽每周吃鸡的次数，用Y表示悠悠每周吃鸡的次数，通过以往情况分析得到下面的联合概率：

X ＼ Y	🍗	🍗🍗	🍗🍗🍗
🍗	0.12	0.21	0.07
🍗🍗	0.42	0.06	0.02
🍗🍗🍗	0.06	0.03	0.01

通过这个表可以知道(X, Y)取不同值时的概率，比如，据观察一周中忽忽吃了1次，而悠悠吃了2次的概率就是$P(X=1, Y=2)=0.21$.

这里，忽忽和悠悠吃鸡次数的所有可能组合是可以一个个列出来的，也就是二维随机变量(X, Y)的全部可能取到的值是有限的或者可列无限多对的，那么我们就称(X, Y)是离散型的随机变量. 如果我们把(X, Y)所有可能的取值和取这些值的概率画在一张表中（如上表），那么就称该表为二维随机变量(X, Y)的分布律，或随机变量X和Y的联合分布律.

有了联合分布律，我们就可以求出这两个变量的联合分布函数：

$$F(x, y) = P\{X \leqslant x, Y \leqslant y\}.$$

实际上就是把分布律表中所有满足条件$\{X \leqslant x, Y \leqslant y\}$的概率加在一起. 比如在上例中，分布函数$F(3, 2)$就表示忽忽每周吃鸡次数不超过

3次，悠悠每周吃鸡次数不超过2次的概率，那么就把表中满足{$X \leq 3$, $Y \leq 2$}的所有概率加在一起，即$F(3,2)=P(X \leq 3, Y \leq 2)=0.12+0.42+0.06+0.21+0.06+0.03=0.9$.

X \ Y	1	2	3
1	0.12	0.21	0.07
2	0.42	0.06	0.02
3	0.06	0.03	0.01

讨论完两个变量整体的分布，下面再来看看X和Y各自的分布.

2. 二维离散型随机变量的边缘分布

所谓边缘分布律就是我们从联合分布律中分别将X、Y的概率分离出来考虑，把属于自己的都整合到一起. 对于二维离散型随机变量，边缘分布律就是将横行或竖列的概率相加求和. 例如，要求$X=1$的概率，就是把X取到1时的三个数值加在一起，也就是对第一行求和：

$$P(X=1)=0.12+0.21+0.07=0.4.$$

同样，对第二行和第三行求和，我们就可以得到$X=2$和$X=3$的概率了：

$$P(X=2)=0.42+0.06+0.02=0.5,$$

$$P(X=3)=0.06+0.03+0.01=0.1.$$

可以将上面的三个式子用一个表来表示，就是关于X的边缘分布律为

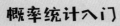

X	1	2	3
P	0.4	0.5	0.1

如果按列求和，我们就可以得到关于Y的边缘分布律为

Y	1	2	3
P	0.6	0.3	0.1

不难看出，边缘分布律实际上就是一维随机变量的分布律. 根据一维离散型随机变量分布函数的定义，我们就可以分别得到关于X和Y的边缘分布函数：

$$F_X(x)=P\{X\leqslant x\},$$

$$F_Y(y)=P\{Y\leqslant y\}.$$

3. 二维离散型随机变量的条件分布

有了联合分布和边缘分布，我们再来考虑这样一个条件概率$P\{X=2|Y=1\}$，这不是新的知识. 根据条件概率的定义我们知道，

$$P\{X=2|Y=1\}=\frac{P\{X=2,Y=1\}}{P\{Y=1\}},$$

在"吃鸡"的例子中，我们可以查找联合分布律，得到$P\{X=2,Y=1\}=0.42$，再查一下关于Y的边缘分布律，得到$P\{Y=1\}=0.6$，那么在$Y=1$的条件下随机变量$X=2$的条件分布就是

$$P\{X=2|Y=1\}=\frac{0.42}{0.6}=0.7.$$

例1　将一枚硬币掷3次，以X表示前2次出现正面的次数，以Y表示前3次出现正面的次数，求X、Y的联合分布律以及X和Y的边缘分布律.

解：为了表示方便，我们用H表示出现正面，用T表示出现反面.将一枚硬币掷3次，出现的结果总共有$2^3=8$种，我们不妨把它们一个一个写出来.例如，如果出现的结果为"HHH"，前两次出现了2次正面，那么$X=2$，前三次出现了3次正面，所以$Y=3$.其他情况类似，我们可以得到下表：

结果	HHH	HHT	HTH	THH	HTT	THT	TTH	TTT
X的取值	2	2	1	1	1	1	0	0
Y的取值	3	2	2	2	1	1	1	0

显然，每一个结果出现都是等可能的，根据古典概率的公式，我们知道每一个结果出现的可能性都是$\frac{1}{8}$.这样，就能算出X和Y取不同值对应的概率了.例如$\{X=2, Y=3\}$这种情况只出现了1次，那么$P\{X=2, Y=3\}=\frac{1}{8}$；再如$\{X=1, Y=2\}$出现了2次，所以$P\{X=1, Y=2\}=\frac{2}{8}$.其他情况大家可以自己推算一下，最终我们可以得到$(X, Y)$的联合分布律为：

X \ Y	0	1	2	3	
0	1/8	1/8	0	0	1/4
1	0	2/8	2/8	0	1/2
2	0	0	1/8	1/8	1/4
P	1/8	3/8	3/8	1/8	1

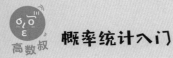

将上表中的概率元素分别按行、列相加，就可以得到X和Y的边缘分布律分别为：

X	0	1	2
P	1/4	1/2	1/4

和

Y	0	1	2	3
P	1/8	3/8	3/8	1/8

例2 将某同学10月份和11月份收到的快递数分别记为X和Y. 据以往积累的经验知X和Y的联合分布律为：

X \ Y	18	19	20
18	0.05	0.15	0.20
19	0.07	0.11	0.22
20	0.04	0.07	0.09

求：（1）边缘分布律；

（2）10月份快递数为18件时，11月份快递数的条件分布律.

解：（1）对行、列分别求和，得到X和Y的边缘分布律为：

X	18	19	20
P	0.4	0.4	0.2

Y	18	19	20
P	0.16	0.33	0.51

（2）求这个条件分布律，就是求当$X=18$时，Y分别取不同值的概率：

$$P\{Y=18|X=18\}=\frac{P\{Y=18,X=18\}}{P\{X=18\}}=\frac{0.05}{0.4}=0.125,$$

$$P\{Y=19|X=18\}=\frac{P\{Y=19,X=18\}}{P\{X=18\}}=\frac{0.15}{0.4}=0.375,$$

$$P\{Y=20|X=18\}=\frac{P\{Y=20,X=18\}}{P\{X=18\}}=\frac{0.20}{0.4}=0.5.$$

也可以写成表格的形式：

$Y=k$	18	19	20
$P\{Y=k|X=18\}$	0.125	0.375	0.5

万事皆有可能，"不可能"也可能是"不，可能".

第十一回

二维连续型随机变量及其分布

在统计中看文学

  大多数人会认为统计学和文学好像扯不上什么关系，然而并不是这样，如果你用统计学的思想来看待一本文学著作，你会发现很多有趣的东西.

  有人专门用统计学分析过老舍先生的《骆驼祥子》，这本书全书共有107360个字，但不同的汉字数仅为2413个. 其中，"的"字出现的频率最高，为4.12%，其次是"他"字，频率为2.40%. 这其实也不能说明什么大问题，但可以分析出一些小的特征，比如"的"字出现这么多，说明老舍先生是喜欢口语化的老北京人，而"他"字高频出现，反映出这本小说用的是第三人称叙述. 还有几个高频文字，"祥"字出现778次，"虎"字出现220次，"妞"字出现174次，这些都是因为作品中的人物属性.

  1952年，教育部公布了一个《常用字表》，收集常用汉字2000个. 1964年常用汉字减至1968个. 1986年，国家语言文字工作委员会根据对大量的文字资料的统计处理，先后编制了《现代汉语常用字表》和《现代汉语通用字表》，分别收字3500个和7000个. 文学固然需要感情的思维，但也需要理性方法来分析其中的美，美是一种感受，统计学会让你尽量接近美的感受.

我们知道，有些随机试验的结果需要同时用两个随机变量来描述. 在上一回中，我们讨论了当两个随机变量取值是可以一个个列出来的情形，也就是离散型的随机变量. 本回我们将要研究当这两个随机变量的取值是连续时的情形.

1. 二维连续型随机变量及其概率密度

先来回顾一下一维连续型随机变量的概念：我们用一个一元函数 $f(x)$ 来表示随机变量 X 的概率密度函数，它反映了 X 在某一点处分布的密集程度，那么 X 的分布函数就可以表示成 $F(x) = P\{X \leqslant x\} = \int_{-\infty}^{x} f(x)\mathrm{d}x$.

现在请大家把想象的空间从一维拓展到二维. 首先是随机变量的取值，就从一维数轴上的某个区间，扩展为一个二维的平面坐标系中的某一个区域，如图11-1所示.

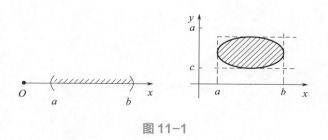

图 11-1

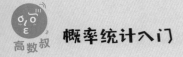

那么在这个区域内，我们可以用一个二元函数$f(x, y)$来表示这两个随机变量在某一点处的分布的密集程度，并称$f(x, y)$为连续型随机变量(X, Y)的概率密度，或联合概率密度.

然后，我们再将分布函数从一元扩展到二元，得到连续型的二维随机变量(X, Y)的分布函数或联合分布函数：

$$F(x, y) = P\{X \leqslant x, Y \leqslant y\} = \int_{-\infty}^{y} \int_{-\infty}^{x} f(u, v) \mathrm{d}u \mathrm{d}v.$$

显然，随机变量(X, Y)一定会落在二维平面坐标系内，所以这一必然事件发生的概率应该等于1，即

$$F(+\infty, +\infty) = P\{X \leqslant +\infty, Y \leqslant +\infty\} = \int_{-\infty}^{+\infty} \int_{-\infty}^{+\infty} f(x, y) \mathrm{d}x \mathrm{d}y = 1.$$

类似地，我们可以得到随机变量(X, Y)的取值落在某一个平面区域G内的概率就是在G内的一个二重积分：

$$P\{(X, Y) \in G\} = \iint\limits_{G} f(x, y) \mathrm{d}x \mathrm{d}y.$$

2. 二维连续型随机变量的边缘分布

所谓边缘分布，就是关于两个随机变量各自的分布. 比如关于X的边缘分布函数，就是只考虑在$X \leqslant x$范围内的概率，也就是在区域$G = \{X \leqslant x, -\infty \leqslant Y \leqslant +\infty\}$内的二重积分，如图11-2所示：

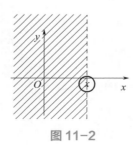

图 11-2

$$F_X(x) = P\{X \leq x\} = \int_{-\infty}^{x}\left[\int_{-\infty}^{+\infty} f(x, y)\,dy\right]dx.$$

其中

$$f_X(x) = \int_{-\infty}^{+\infty} f(x, y)\,dy$$

称为关于X的边缘概率密度.

同样，我们可以定义关于Y的边缘分布函数：

$$F_Y(y) = P\{Y \leq y\} = \int_{-\infty}^{y}\left[\int_{-\infty}^{+\infty} f(x, y)\,dx\right]dy.$$

关于Y的边缘概率密度，如图11-3所示：

$$f_Y(y) = \int_{-\infty}^{+\infty} f(x, y)\,dx.$$

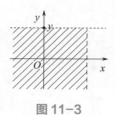

图 11-3

3. 二维连续型随机变量的条件概率密度

我们定义在$Y=y$的条件下X的条件概率密度，就是(X, Y)的联合概率密度与Y的边缘概率密度的比值：

$$f_{X|Y}(x|y) = \frac{f(x, y)}{f_Y(y)}.$$

显然，在计算$f_{X|Y}(x|y)$时，我们要把条件中的y看作常数，因此条件概率$f_{X|Y}(x|y)$实际上是x的一个一元函数. 这里，区分哪个变量是变

化的，哪个变量要看作常数是一个非常关键的问题！

类似地，在$X=x$的条件下Y的条件概率密度，就是(X, Y)的联合概率密度与X的边缘概率密度的比值：

$$f_{Y|X}(y|x) = \frac{f(x,y)}{f_X(x)}.$$

例1 设二维随机变量(X, Y)的联合概率密度为

$$f(x,y) = \begin{cases} ce^{-3x-4y}, & x > 0, y > 0, \\ 0, & \text{其他}. \end{cases}$$

试求：(1)c的值；(2)(X, Y)的分布函数$F(x, y)$；(3)$P\{0<X<1, 0<Y<2\}$.

解：解决此类问题的关键就是，看清需求，翻出一个合适的公式，套！套！套！

（1）看好喽！求c就用它：$\int_{-\infty}^{+\infty}\int_{-\infty}^{+\infty} f(x,y)\mathrm{d}x\mathrm{d}y = 1$.

代入$f(x, y)$的表达式，

$$1 = \int_{-\infty}^{+\infty}\int_{-\infty}^{+\infty} f(x,y)\mathrm{d}x\mathrm{d}y = c\int_0^{+\infty}\int_0^{+\infty} e^{-3x-4y}\mathrm{d}x\mathrm{d}y$$

$$= \frac{c}{12}\int_0^{+\infty} e^{-4y}\mathrm{d}(4y)\int_0^{+\infty} e^{-3x}\mathrm{d}(3x) = \frac{c}{12},$$

故$c=12$.

（2）求分布函数就用它：$F(x, y)=P\{X \leqslant x, Y \leqslant y\} = \int_{-\infty}^{y}\int_{-\infty}^{x} f(u,v)\mathrm{d}u\mathrm{d}v$. 所以求分布函数，就是求落在$(x, y)$点左下方这一区域内的二重积分．不难看出，随着$(x, y)$点位置的不同，对应的积分区域也不同．

当 $x>0, y>0$ 时（如图11-4），

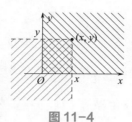

图 11-4

$$F(x,y)=P\{X\le x, Y\le y\}=\int_0^x\int_0^y f(u,v)\mathrm{d}u\mathrm{d}v=\int_0^x\int_0^y 12\mathrm{e}^{-3u-4v}\mathrm{d}u\mathrm{d}v$$

$$=12\int_0^x \mathrm{e}^{-3u}\mathrm{d}u\int_0^y \mathrm{e}^{-4v}\mathrm{d}v=\left(1-\mathrm{e}^{-3x}\right)\left(1-\mathrm{e}^{-4y}\right).$$

当 (x,y) 落在其他区域时，对应的积分都是0. 故

$$F(x,y)=\begin{cases}\left(1-\mathrm{e}^{-3x}\right)\left(1-\mathrm{e}^{-4y}\right), & x>0, y>0,\\ 0, & \text{其他}.\end{cases}$$

（3）要求 (X, Y) 落在某一区域内的概率，用的公式就是

$$P\{(X,Y)\in G\}=\iint\limits_G f(x,y)\mathrm{d}x\mathrm{d}y.$$

如图11-5所示，所以

$$P\{0<X<1, 0<Y<2\}=\iint\limits_G f(x,y)\mathrm{d}x\mathrm{d}y=\int_0^1\mathrm{d}x\int_0^2 12\mathrm{e}^{-3x-4y}\mathrm{d}y$$

$$=\left(1-\mathrm{e}^{-3}\right)\left(1-\mathrm{e}^{-8}\right).$$

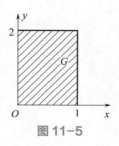

图 11-5

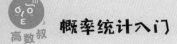

例2 已知二维随机变量(X, Y)的联合概率密度为

$$f(x, y) = \begin{cases} e^{-y}, & 0 < x < y, \\ 0, & \text{其他}. \end{cases}$$

求关于X的边缘概率密度$f_X(x)$和关于Y的边缘概率密度$f_Y(x)$.

解：如图11-6所示，联合概率密度只有在阴影部分才不等于0，也就是$0<x<y$的部分.

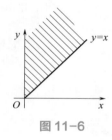

图 11-6

要计算X的边缘概率密度，就是计算$f_X(x) = \int_{-\infty}^{+\infty} f(x, y)\mathrm{d}y$. 求这个积分的关键就是要根据$x$的范围来确定积分变量$y$的范围. 显然，我们需要分别考虑$x \leqslant 0$和$x>0$两种情况，如图11-7所示：

（1）当$x \leqslant 0$时，$f_X(x) = \int_{-\infty}^{+\infty} f(x, y)\mathrm{d}y = \int_{-\infty}^{+\infty} 0\mathrm{d}y = 0$;

（2）当$x>0$时，$f_X(x) = \int_{-\infty}^{+\infty} f(x, y)\mathrm{d}y = \int_{x}^{+\infty} e^{-y}\mathrm{d}y = e^{-x}$.

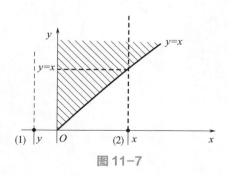

图 11-7

即关于X的边缘概率密度为：

$$f_X(x) = \begin{cases} e^{-x}, & x > 0, \\ 0, & x \leqslant 0. \end{cases}$$

同样，要计算Y的边缘概率密度，就是计算 $f_Y(y) = \int_{-\infty}^{+\infty} f(x,y)\mathrm{d}x$. 显然，对于y也要考虑y≤0和y>0的情况，如图11-8所示：

（1）当y≤0时，$f_Y(y) = \int_{-\infty}^{+\infty} f(x,y)\mathrm{d}x = \int_{-\infty}^{+\infty} 0\mathrm{d}x = 0$；

（2）当y>0时，$f_Y(y) = \int_{-\infty}^{+\infty} f(x,y)\mathrm{d}x = \int_0^y e^{-y}\mathrm{d}x = ye^{-y}$.

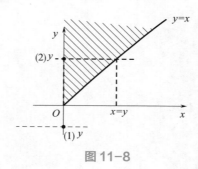

图 11-8

即关于Y的边缘概率密度为：

$$f_Y(y) = \begin{cases} ye^{-y}, & y > 0, \\ 0, & y \leqslant 0. \end{cases}$$

一时的不确定不算什么，时时刻刻的不确定才真正考验人！

第十二回

二维随机变量的独立性

"神"的操作与少见多怪

你相信有人可以扔硬币连续扔出几百次正面吗？你相信有人可以在4个月内连续中两次彩票大奖吗？你相信自己能在几亿人中被选中成为"锦鲤"吗？大多数人的回答都是否定的，这些都是在新闻报道中才能看见的，之所以叫做"新闻"，只因为真的很少能看见．自古以来，人们都会把这种"小概率事件"的发生理解为"神"的操作．

其实统计学中存在这样一种法则：一次实验中以很小的机会发生的事件，当样本足够大时必然会发生，并且可以在任何时候发生，并不需要归因于任何特别的理由．换句话说，你觉得奇怪的事情发生都是因为"少见多怪"．

比如这样一个例子：你们班上有50名同学，如果你发现其中有两个人的生日居然是在同一天，你是不是会觉得这简直是太有缘分了，这俩人不结婚也应该结拜啊，但是如果你通过概率计算就会发现这种事情发生的概率其实高达97%，也就是说一个50人的班级里如果没有任何两个人生日在同一天，那才是比较神奇的事情呢！

事件的独立性不是一个新的概念了，我们将思绪拉回到遥远的第六回，有那么两个事件A和B，如果它们的概率满足

$$P(AB)=P(A)P(B),$$

那么我们称它们是相互独立的.

明白了这个道理，本回的内容就非常容易了. 如果假设事件A表示随机变量X小于等于某一常数x，事件B表示随机变量Y小于等于某一常数y，即设

$$A=\{X\leqslant x\},\ B=\{Y\leqslant y\}.$$

假设X和Y是相互独立的，你的就是你的，我的就是我的，那么A与B也一定是相互独立的，这时$P(AB)=P(A)P(B)$就变成了：

$$P\{X\leqslant x,\ Y\leqslant y\}=P\{X\leqslant x\}P\{Y\leqslant y\}.$$

这里涉及的三个概率应该都认识吧！左边不就是我们讲过的联合分布，右边不就是我们讲过的边缘分布嘛！所以上式又可以表示成：

$$F(x,\ y)=F_X(x)F_Y(y).$$

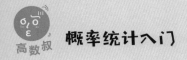

总结一下:

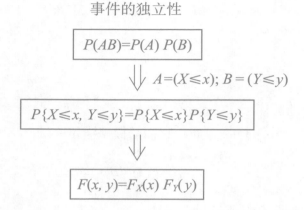

事件的独立性

$$P(AB)=P(A)\,P(B)$$

$\Downarrow \quad A=(X \leqslant x);\ B=(Y \leqslant y)$

$$P\{X \leqslant x,\ Y \leqslant y\}=P\{X \leqslant x\}P\{Y \leqslant y\}$$

$$F(x,\ y)=F_X(x)\,F_Y(y)$$

二维随机变量的独立性

设$F(x,\ y)$及$F_X(x)$、$F_Y(y)$分别是二维随机变量$(X,\ Y)$的分布函数及边缘分布函数. 当满足条件

$$F(x,\ y)=F_X(x)F_Y(y)$$

时,就称随机变量X和Y是相互独立的.

特别地,当$(X,\ Y)$是离散型随机变量时,X与Y相互独立的条件就等价于

$$P\{X=x_i,\ Y=y_j\}=P\{X=x_i\}P\{Y=y_j\}.$$

当$(X,\ Y)$是连续型随机变量时,X与Y相互独立的条件就变为:

$$f(x,\ y)=f_X(x)\,f_Y(y).$$

例1 设二维随机变量(X, Y)的分布为

Y / X	1	2	3
0	0.18	0.30	a
1	0.12	b	0.08

求a与b为何值时，X与Y相互独立.

解：要验证独立性，就是要保证对任意一对(x_i, y_j)，都有

$$P\{X=x_i, Y=y_j\}=P\{X=x_i\}P\{Y=y_j\}.$$

首先，我们要知道两个变量的边缘分布，就是对表中的行与列分别求和：

Y / X	1	2	3	$P\{X=x_i\}$
0	0.18	0.30	a	$a+0.48$
1	0.12	b	0.08	$b+0.20$
$P\{Y=Y_j\}$	0.30	$b+0.30$	$a+0.08$	1

然后，令表中的每一个联合概率等于它所对应的两个边缘分布的乘积，譬如当$X=0$、$Y=1$时. 我们可以得到：

$$0.18=0.30 \times (a+0.48),$$

解出$a=0.12$.

同样，对于$X=1$、$Y=1$，可以得到

$$0.12=0.30 \times (b+0.20),$$

解出$b=0.20$.

例2 根据以往经验，某大BOSS到达单位的时间均匀分布在8至12时，秘书到达的时间均匀分布在7至9时，设他们到达的时间相互独立，求他们到达时间相差不超过5分钟(1/12小时)的概率.

解：设X和Y分别是大BOSS和秘书到达的时间，由已知条件X和Y的概率密度分别为：

$$f_X(x) = \begin{cases} 1/4, & 8 < x < 12, \\ 0, & \text{其他,} \end{cases} \qquad f_Y(y) = \begin{cases} 1/2, & 7 < y < 9, \\ 0, & \text{其他.} \end{cases}$$

因为X和Y相互独立，所以(X, Y)的联合概率密度为

$$f(x,y) = f_X(x)f_Y(y) = \begin{cases} 1/8, & 8 < x < 12,\ 7 < y < 9, \\ 0, & \text{其他.} \end{cases}$$

下面，用数学的语言翻译一下这句话："他们到达时间相差不超过1/12小时的概率"就是

$$P\left\{|X - Y| \leqslant \frac{1}{12}\right\}.$$

画出区域$\left\{|X - Y| \leqslant \dfrac{1}{12}\right\}$和$\{8<x<12,\ 7<y<9\}$的公共部分，如图12-1所示.

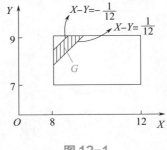

图12-1

那么所求的概率就是在这一部分内的二重积分：

$$P\left\{|X-Y|\leqslant\frac{1}{12}\right\}=\iint\limits_{G}\frac{1}{8}\mathrm{d}x\mathrm{d}y=\frac{1}{8}\iint\limits_{G}\mathrm{d}x\mathrm{d}y=\frac{1}{8}\times G\text{的面积}$$

$$=\frac{1}{8}\times\left[\frac{1}{2}\left(\frac{13}{12}\right)^2-\frac{1}{2}\left(\frac{11}{12}\right)^2\right]=\frac{1}{48}.$$

人生四然，来是偶然，去是必然，尽其
当然，顺其自然。

第十三回

两个随机变量函数的分布

天气预报到底该不该信

我们都知道，中国人以前见面喜欢问"吃了么"，现在喜欢问"WIFI密码是多少"，但是国外的人喜欢以"今天天气不错"作为打招呼的方式。可见外国人对于天气还是很关心的，但是"天气预报不准"这件事似乎已是一个什么时候都能拿出来调侃的话题。

天气预报本身就是在统计学基础上建立起来的分析工作，而统计分析的结果永远都只能告诉你什么事情发生的可能性比较大，而无法告诉你什么事情一定会发生。比如"明天降水概率60%"这句经常能在天气预报中听见的话，似乎表达得很准确，也很专业，可是这句话对我们又有什么意义呢？概率为60%，说明可能下雨也可能不下雨，只是下雨的可能性大一点点，至于需不需要带伞出门，就看你是"懒得带伞"多一点，还是"以防万一"多一点了。

统计工作只能给我们在"不确定，好茫然"时提供一个衡量标准，这个意义就足够了，谁都希望在不知所措时有人可以指点一番，哪怕只是说一句"你可能行"。统计学无法帮助"较真"的人，因为有的人即使在"降雨概率为1%"时也会带伞的。

在第九回中，我们讲过如何求一维随机变量函数的分布，尤其对连续型随机变量，求解过程着实让人挠头，那么两个随机变量函数的分布就更加复杂了．这里，我们只介绍两类相当简单，而又非常实用的类型：最大值和最小值的分布．

1. 两个离散型随机变量最大值和最小值的分布

离散型的情形往往非常简单，因为随机变量的取值和概率都是可以列出来的，所以只要知道求啥，就算一个一个数也能数清楚．比如，已知噜噜和图图每周去图书馆的次数分布别为随机变量X和Y，它们的联合分布为

X \ Y	0	1	2	3
0	0.07	0.08	0.08	0.09
1	0.06	0.07	0.10	0.11
2	0.06	0.07	0.11	0.10

求$M=\max\{X, Y\}$和$N=\min\{X, Y\}$．

首先，我们要列出M所有可能的取值：0、1、2、3. 然后分别计算一下M取这些值对应的概率：

$$P\{M=0\}=P\{X=0, Y=0\}=0.07;$$

$$P\{M=1\}=P\{X=0, Y=1\}+P\{X=1, Y=0\}+P\{X=1, Y=1\}$$

$$=0.08+0.06+0.07=0.21;$$

由于$M=2$包含的情况太多，我们不妨择其易者而算之，先计算$M=3$的概率：

$$P\{M=3\}=P\{X=0, Y=3\}+P\{X=1, Y=3\}+P\{X=2, Y=3\}$$

$$=0.09+0.11+0.10=0.30;$$

最后根据全部概率为1，可以求出$P\{M=2\}=0.42$. 故得M的分布为

M	0	1	2	3
P	0.07	0.21	0.42	0.30

同样，N可能的取值为0、1、2，对应的概率分别为

$$P\{N=0\}=P\{X=0, Y=0\}+P\{X=0, Y=1\}+P\{X=0, Y=2\}+P\{X=0, Y=3\}$$

$$+P\{X=1, Y=0\}+P\{X=2, Y=0\}$$

$$=0.07+0.08+0.08+0.09+0.06+0.06=0.44;$$

$$P\{N=2\}=P\{X=2, Y=2\}+P\{X=2, Y=3\}=0.11+0.10=0.21;$$

$$P\{N=1\}=1-0.44-0.21=0.35.$$

故N的分布为

N	0	1	2
P	0.44	0.35	0.21

如果这种讲解仍然使你头晕眼花，那么下面的方法一定会让你心旷神怡的！画一张大大的表格，将(X, Y)看作一个整体，列出它们所有可能的取值和概率，并顺便计算出 $M=\max\{X, Y\}$ 和 $N=\min\{X, Y\}$：

(X, Y)	(0, 0)	(0, 1)	(0, 2)	(0, 3)	(1, 0)	(1, 1)	(1, 2)	(1, 3)	(2, 0)	(2, 1)	(2, 2)	(2, 3)
M	0	1	2	3	1	1	2	3	2	2	2	3
N	0	0	0	0	0	1	1	1	0	1	2	2
P	0.07	0.08	0.08	0.09	0.06	0.07	0.10	0.11	0.06	0.07	0.11	0.10

这样，不需要绞尽脑汁，一下子就求出了随机变量M和N所有可能的取值和它们所对应的概率．接下来，只需要对M和N取相同值的概率进行合并就可以得到跟上面一样的分布律了．事实上，对于任意的二维随机变量的函数，我们都可以利用这样的方法求出它的分布．

2.　两个连续型随机变量最大值和最小值的分布

设X、Y是两个连续型随机变量，其分布函数分别为 $F_X(x)$ 和 $F_Y(y)$．下面我们来求 $M=\max\{X, Y\}$ 和 $N=\min\{X, Y\}$．

地球人都知道，M的分布函数就是这样一个概率：

$$F_M(z)=P\{M\leqslant z\}=P\{\max\{X, Y\}\leqslant z\}.$$

如图13-1，如果X和Y最大值小于等于z，那么X和Y一定都小于等于z，因此可以得到

$$F_M(z)=P\{M\leqslant z\}=P\{\max\{X, Y\}\leqslant z\}=P\{X\leqslant z, Y\leqslant z\}.$$

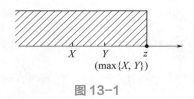

图13-1

同理，N的分布函数为

$$F_N(z)=P\{N\leqslant z\}=P\{\min\{X,\ Y\}\leqslant z\}.$$

如图13-2所示，如果X和Y最小值小于等于z，那么X和Y可不一定都小于等于z哦！怎么办呢？

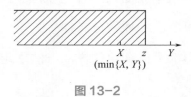

图13-2

反其道而行之，如图13-3所示，利用它的对立事件：

$$F_N(z)=P\{\min\{X,\ Y\}\leqslant z\}=1-P\{\min\{X,\ Y\}>z\}.$$

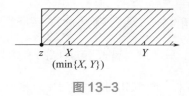

图13-3

这就好办了！如果X和Y最小值大于z，那X和Y一定都是大于z的，因此有

$$F_N(z)=P\{\min\{X,\ Y\}\leqslant z\}=1-P\{\min\{X,\ Y\}>z\}$$
$$=1-P\{X>z,\ Y>z\}.$$

如果X和Y是相互独立的，并且具有相同的分布函数$F(x)$，那么$M=\max\{X, Y\}$和$N=\min\{X, Y\}$的分布函数就可以简化为：

$$F_M(z)=[F(z)]^2;$$

$$F_N(z)=1-[1-F(z)]^2.$$

 例1　设相互独立的两随机变量X、Y具有同一分布律，且X的分布为

X	0	1
P	1/2	1/2

试求$Z=\max\{X, Y\}$的概率分布.

解：第一步，列出Z可能的取值：0或1；

第二步，算出这些取值对应的概率：

$$P\{Z=0\}=P\{\max\{X, Y\}=0\}=P\{X=0, Y=0\}$$

$$=P\{X=0\}P\{Y=0\}=1/2 \times 1/2=1/4;$$

$$P\{Z=1\}=1-1/4=3/4.$$

故$Z=\max\{X, Y\}$的概率分布为

Z	0	1
P	1/4	3/4

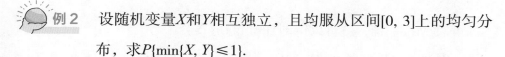 **例2**　设随机变量X和Y相互独立，且均服从区间$[0, 3]$上的均匀分布，求$P\{\min\{X, Y\}\leq 1\}$.

解：根据最小值分布的计算公式可知：

$$P\{\min\{X,Y\}\leqslant 1\}=1-P\{\min\{X,Y\}>1\}=1-P\{X>1,Y>1\}$$

$$=1-P\{X>1\}P\{Y>1\}=1-\frac{3-1}{3}\times\frac{3-1}{3}=\frac{5}{9}.$$

例3 设一个照明设备由两只电灯泡组成，以X和Y分别表示两只

灯泡的寿命（单位：kh），已知X和Y的联合分布函数为

$$F(x,y)=\begin{cases}1-\mathrm{e}^{-0.5x}-\mathrm{e}^{-0.5y}+\mathrm{e}^{-0.5(x+y)}, & x\geqslant 0,y\geqslant 0,\\ 0, & 其他.\end{cases}$$

（1）问X和Y是否相互独立；

（2）分别求出这两只灯泡是串联或并联时，求整个设备的寿命的

分布函数.

解：

（1）上一回我们讲过，二维连续型随机变量独立的条件应该是联

合分布函数等于两个变量边缘分布函数的乘积，即

$$F(x,y)=F_X(x)F_Y(y).$$

因此，先要搞定边缘分布. 使劲推一推，就知道X的边缘分布为：

$$F_X(x)=P(X\leqslant x)=P(X\leqslant x,Y\leqslant+\infty)=F(x,+\infty)=\lim_{y\to+\infty}F(x,y)$$

$$=\begin{cases}1-\mathrm{e}^{-0.5x}, & x\geqslant 0,\\ 0, & x<0.\end{cases}$$

再使劲推一推，就可以得到Y的边缘分布：

$$F_Y(y)=P(Y\leqslant y)=P(X\leqslant+\infty,Y\leqslant y)=F(+\infty,y)=\lim_{x\to+\infty}F(x,y)$$

$$=\begin{cases}1-\mathrm{e}^{-0.5y}, & y\geqslant 0,\\ 0, & y<0.\end{cases}$$

显然，当 $x \geqslant 0$ 且 $y \geqslant 0$ 时，有

$$F(x, y) = F_X(x)F_Y(y).$$

当 x、y 取其他值时，也有 $F_X(x)F_Y(y) = F(x, y) = 0$，于是对任意的 x、y 都有 $F(x, y) = F_X(x)F_Y(y)$ 成立，所以 X 和 Y 一定是相互独立的.

（2）根据上一问，我们可以得到一个很好的结论：X 和 Y 相互独立，并且服从相同的分布. 下面我们分别来讨论串联和并联的情况.

①串联

当两个灯泡串联在一起时，每一个灯泡都很重要，因为只要有一只坏了，整个世界就会一片漆黑. 因此整个设备的寿命可以表示为 $N = \min\{X, Y\}$，所以 N 的分布函数为：

$$F_N(z) = 1 - [1 - F_X(z)]^2 = \begin{cases} 1 - \mathrm{e}^{-z}, & z \geqslant 0, \\ 0, & z < 0. \end{cases}$$

②并联

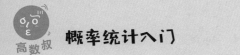

当两个灯泡并联在一起时，坏了一个也无关紧要，不会影响另一个．所以整个设备的寿命为$M=\max\{X, Y\}$，其分布函数为：

$$F_M(z) = [F_X(z)]^2 = \begin{cases} \left[1 - e^{-0.5z}\right]^2, & z \geq 0, \\ 0, & z < 0. \end{cases}$$

叔 叔 鸡 汤

只有随机的结果，没有随便的成功．

第十四回

期望与方差

惠更斯给你们一个期望

　　惠更斯（1629—1695）是荷兰的物理学家、天文学家和数学家．他是和牛顿齐名的科学大咖，最具代表性的贡献就是单摆周期公式 $T=2\pi\sqrt{l/g}$，此外，他在概率论的发展史上也相当重要．1657年，惠更斯的著作《机遇的规律》出版，自此之后的50年，这本书在欧洲被当作概率论这门学科的标准教材．

　　"期望"，也就是我们现在使用的数学期望这个概念就是惠更斯最早使用的．他在《机遇的规律》这本著作中，从关于公平赌博的值的一条公理出发，推出关于期望的3个命题：

　　命题1：若某人在赌博中赢得a、b元钱的概率相等，都为1/2，则其期望为(a+b)/2元．

　　命题2：若某人在赌博中赢得a、b、c元钱的概率相等，都为1/3，则其期望为(a+b+c)/3元．

　　命题3：若某人在赌博中赢得a、b元钱的概率分别为p、q(p+q=1)，则其期望为pa+qb元．

　　这本书中除了这3个命题外，还有11个命题，对于这些问题，惠更斯都用到了现在概率论教科书中初等概率计算方法，通过列出方程求解，这种方法后来被称为"惠更斯的分析方法"．

在之前的章回中，我们一直在乐此不疲地构建和描述随机变量的概率分布，一旦我们知道了一个试验的结果所满足的分布，那么我们就可以确定随机变量在任何一个范围内的概率．这已经非常完满了，但是有些时候，我们还想知道随机变量更多的信息，比如我们知道三个班学生的成绩都服从正态分布，那么如何判断哪个班的成绩更好呢?聪明伶俐的你一定会想到比较一下平均成绩不就得了！非常好，那么接下来这个问题又该如何解决呢?

嘟嘟和啵啵在玩猜大小的游戏，他们每人拿出10块糖，约定谁先赢5局，谁就获得全部的糖(20块)．赌到第7局，嘟嘟赢了4局，啵啵赢了3局．这时候意想不到的事儿发生了，啵啵已经困到分不清大小，他提议每人拿回自己的10块糖，择日再战．而嘟嘟觉得自己已经赢了4局，应该分得更多的糖，如果是你，你怎么分?

正确的做法是：假定双方再赌一局，结果无非是要么嘟嘟赢，要么啵啵赢．如果嘟嘟赢，那么他赢满5局，糖都归他，游戏结束；如果啵啵赢，那么俩人各赢4局，应该平分，游戏结束．考虑嘟嘟输和赢的可能性都是1/2，所以他分得的应该是 $\frac{1}{2} \times 20$块$+\frac{1}{2} \times 10$块$=15$块糖，那么啵啵就应分得5块糖．这就是最合理的分配方法．

实际上，在计算嘟嘟应得的糖果数时，我们就是把两种结果得到的收益按照概率进行了加权，得到的结果可以看作对试验结果的一种加权平均，它表示的是这个随机变量在平均意义下的取值，我们称之为**数学期望**．

1. 数学期望的计算公式

如果离散型随机变量X的分布律为$P\{X=X_k\}=p_k$，$k=1, 2, \cdots$，那么它的数学期望$E(X)$就是按概率对x_i进行加权：

$$E(X) = x_1 p_1 + x_2 p_2 + \cdots = \sum_{i=1}^{\infty} x_i p_i;$$

如果连续型随机变量X的概率密度为$f(x)$，那么我们只要用对连续项的积分来代替对离散项的求和就可以得到这个随机变量的期望：

$$E(X) = \int_{-\infty}^{+\infty} xf(x)\mathrm{d}x.$$

2. 数学期望的性质

（1）$E(C)=C$，C为常数；

（2）$E(X+C)=E(X)+C$，C为常数；

（3）$E(CX)=CE(X)$，C为常数；

（4）$E(X+Y)=E(X)+E(Y)$；

（5）设X、Y相互独立，则$E(XY)=E(X)E(Y)$．

我们知道，数学期望可以帮助我们了解一个随机变量所有结果的

"平均水平". 比如说，要从闹闹和云云两名射击运动员中选择一人参加奥运会，最简单有效的想法就是看谁的平均成绩高. 然而，无巧不成书，恰好这两名运动员的平均成绩一样，下面就是闹闹和云云的五次射击成绩：

	第一次	第二次	第三次	第四次	第五次
闹闹	7	8	8	8	9
云云	9	7	9	7	8

俩人的平均成绩都是8环，难道真的要靠抛硬币来决定吗？可是比赛不是赌博，一定要公平公正呀！其实，对于高水平的运动员来说，发挥的稳定性是一个至关重要的因素. 我们先来看一下闹闹和云云五次射击成绩的折线图，如图14-1所示：

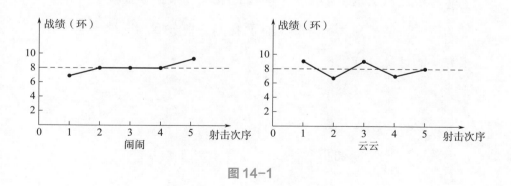

图 14-1

稍做比较就会发现，闹闹的折线图较为平缓，而云云的波动就比较大了，应该说闹闹的稳定性更胜一筹. 那么我们如何用数值来描述这种波动的大小呢？所谓波动，其实就是比赛的成绩与平均值的偏差，对于闹闹，五次比赛成绩离平均值的偏差分别为-1、0、0、0、1，如果简单地把这五个偏差加在一起，那么正负就会相互抵消．事实上，我们只关心偏离的程度，而不关心是正的偏差还是负的偏差，因此我们不妨用偏差的平方来衡量这种波动．如果我们把这些平方和加在一起，再除以次数5，得到的数值就反映了全部数据的平均波动情况，这就是方差的概念．这样，我们可以计算出闹闹的方差为

$$\frac{1}{5}\left[(7-8)^2+(8-8)^2+(8-8)^2+(8-8)^2+(9-8)^2\right]=0.4.$$

云云的方差为

$$\frac{1}{5}\left[(9-8)^2+(7-8)^2+(9-8)^2+(7-8)^2+(8-8)^2\right]=0.8.$$

显然，闹闹的波动较小，应选闹闹参加比赛．

如果用随机变量 X 表示每次试验的结果，那么方差就是偏差平方和的平均值，也就是 $E\{[X-E(X)]^2\}$．下面我们分离散型和连续型随机变量，给出方差的计算公式．

3. 方差的计算公式

离散型随机变量 X 的方差 $D(X)$ 为：

$$D(X)=\sum_{k=1}^{\infty}\left[x_k-E(X)\right]^2 p_k.$$

对于连续型随机变量，方差 $D(X)$ 可表示为：

$$D(X)=\int_{-\infty}^{+\infty}\left[x-E(X)\right]^2 f(x)\mathrm{d}x.$$

如果你觉得太麻烦，那可按下列公式来计算方差：

$$D(X)=E(X^2)-[E(X)]^2.$$

4. 方差的性质

（1）$D(C)=0$，C为常数；

（2）$D(X+C)=D(X)$，C为常数；

（3）$D(CX)=C^2D(X)$，C为常数；

（4）$D(X \pm Y)=D(X)+D(Y) \pm 2E\{[X-E(X)][Y-E(Y)]\}$；

（5）设X、Y相互独立，则$D(X \pm Y)=D(X)+D(Y)$.

5. 常用分布的期望与方差

分布	参数	分布律或概率密度	数学期望	方差
0–1 分布	p	$P\{x=k\}=p^k(1-p)^{1-k}$ $(k=0, 1)$	p	$p(1-p)$
二项分布 $B(n, p)$	n, p	$P\{x=k\}=C_n^k p^k(1-p)^{n-k}$	np	$np(1-p)$
泊松分布 $P(\lambda)$	λ	$P\{x=k\}=\dfrac{\lambda^k e^{-\lambda}}{k!}$	λ	λ
均匀分布 $U(a, b)$	$a<b$	$f(x)=\dfrac{1}{b-a},(a<x<b)$	$\dfrac{a+b}{2}$	$\dfrac{(b-a)^2}{12}$
正态分布 $N(\mu, \sigma^2)$	μ, σ	$f(x)=\dfrac{1}{\sqrt{2\pi}\sigma}e^{-\frac{(x-\mu)^2}{2\sigma^2}}$	μ	σ^2

例1 设随机变量X的分布为

X	-2	-1	0	1	2	3
P	$\frac{1}{8}$	$\frac{1}{8}$	$\frac{1}{4}$	$\frac{1}{4}$	$\frac{1}{8}$	$\frac{1}{8}$

求$E(X)$, $D(X)$.

分析：公式$D(X)=E(X^2)-[E(X)]^2$很重要！

解：利用期望公式得：

$$E(X) = -2 \times \frac{1}{8} + (-1) \times \frac{1}{8} + 0 \times \frac{1}{4} + 1 \times \frac{1}{4} + 2 \times \frac{1}{8} + 3 \times \frac{1}{8} = \frac{1}{2},$$

$$E(X^2) = (-2)^2 \times \frac{1}{8} + (-1)^2 \times \frac{1}{8} + 0^2 \times \frac{1}{4} + 1^2 \times \frac{1}{4} + 2^2 \times \frac{1}{8} + 3^2 \times \frac{1}{8} = \frac{5}{2},$$

因此方差为：

$$D(X) = E(X^2) - [E(X)]^2 = \frac{5}{2} - \frac{1}{4} = \frac{9}{4}.$$

例2 设X表示某学生10次考试不及格的次数，假设这10次考试相互独立，每次不及格的概率为0.4，求$E(X^2)$、$D(5X+3)$.

解：很显然，X服从$n=10$、$p=0.4$的二项分布，根据二项分布期望和方差的公式，有

$$E(X)=np=10 \times 0.4=4, \quad D(X)=np(1-p)=10 \times 0.4 \times 0.6=2.4.$$

因此$E(X^2)=D(X)+[E(X)]^2=2.4+16=18.4$.

再由方差的性质，可以得到$D(5X+3)=25D(X)=60$.

例3 假设某宝宝去幼儿园迟到的概率为0.2，如果一周5天都没有迟到，则可以获得10朵小红花；若迟到一次，能获得5朵小红花；若迟到两次，则只能获得1朵小红花；若迟到3次或3次以上，则没有小红花. 问该宝宝一周内获得小红花数的期望.

分析：概率题目一大特点就是"字儿多"，所以第一步就是读懂题！要求小红花数的期望，就得先知道这个随机变量的分布. 所获小红花的数目显然是受一周内迟到几次决定的，所以我们先将一周内迟到的次数这个随机变量的分布搞清楚. 某宝宝每天去幼儿园要么迟到了，要么没迟到，迟到的概率是0.2，没迟到的概率就是0.8，很明显一周内迟到的次数应该服从二项分布$B(5, 0.2)$. 那么迟到次数的概率知道了，平均意义下得到多少小红花就可以计算出来了.

解：设X为一周5天内迟到的次数，则$X \sim B(5, 0.2)$，其分布律为$P\{X=k\}=C_5^k(0.2)^k(0.8)^{5-k}$. 设一周内获得的小红花数为$Y$，则$Y$的可能值为10、5、1、0，且

$P\{Y=10\}=P\{X=0\}=0.8^5=0.328,$

$P\{Y=5\}=P\{X=1\}=C_5^1 \cdot 0.2 \cdot 0.8^4=0.410,$

$P\{Y=1\}=P\{X=2\}=C_5^2 \cdot 0.2^2 \cdot 0.8^3=0.205,$

$P\{Y=0\}=P\{X \geqslant 3\}=0.057.$

故Y的分布为

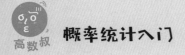
Y	0	1	5	10
P	0.057	0.205	0.410	0.328

故Y的期望为：

$$E(Y)=0 \times 0.057+1 \times 0.205+5 \times 0.410+10 \times 0.328=5.535.$$

 例4 极限飞盘运动自1948年于美国发明问世以来，仅仅历经数十年的发展，即已形成10余种竞赛项目，受到大学生和白领阶层的热捧，近年来在中国开始流行．假设某厂生产的飞盘直径在区间[a, b]上服从均匀分布，求飞盘面积的数学期望．

分析：如果设飞盘的直径为随机变量X，已知其概率密度为$f(x)$，那么飞盘的面积Y就是X的一个函数，可以记作$Y=g(X)$．显然Y的分布是由X的分布决定的，因此可以得到一维连续型随机变量函数的期望和方差的计算公式：

$$E(Y) = \int_{-\infty}^{+\infty} g(x)f(x)\mathrm{d}x.$$

$$D(Y)=D[g(x)]=E[g(x)]^2-[E(g(x))]^2.$$

大家不妨把它记住，以后就可以直接用啦！

解：设飞盘的直径为随机变量X，其面积为随机变量Y，那么$Y = \dfrac{\pi X^2}{4}$．由$X \sim U(a, b)$，故X的概率密度为

$$f(x)=\begin{cases} \dfrac{1}{b-a}, & a \leq x \leq b, \\ 0, & \text{其他.} \end{cases}$$

由函数期望的计算公式，可以得到

$$E(Y)=\int_{-\infty}^{+\infty}g(x)f(x)\mathrm{d}x=\int_{a}^{b}\frac{\pi x^2}{4}\cdot\frac{1}{b-a}\mathrm{d}x=\frac{\pi\left(a^2+ab+b^2\right)}{12}.$$

叔 叔 鸡 汤

不论我们前面是怎样的随机变量，不论未来的方差有多大，相信波谷过了，波峰还会远吗？

第十五回

协方差与相关系数

不要被"平均数"欺骗了

吉斯莫先生是一家工厂的老板，他是个精明的商人，善于精打细算．这个工厂有8名管理人员，除了他和他的弟弟还有6个其他亲戚；有15名员工，其中5名是小队长，其余10名是普通工人．

这天，吉斯莫先生要招聘一名新员工，他对来应聘的山姆说："我们这里的待遇很好，员工的平均工资一周有300美元，你在试用期可以每周拿75美元，不过很快试用期过去就可以拿正常工资了．"

山姆欣然接受了这份工作，可几天后他就来找老板理论，因为他在调查后发现大多数员工的工资都不超过每周100美元．老板吉斯莫微笑着解释道："我并没有欺骗你，你看，我们每周的工资分配是这样的，我2400美元，我弟弟1000美元，6个亲戚每人250美元，5个小队长每人200美元，10个工人每人100美元，一共6900美元，23个人，平均工资正好是300美元．"山姆并没有什么好反驳的，吉斯莫接着说："如果你把工资列个表，会发现工资的中位数是200美元，那代表这里中等工资的标准，而你所说的大多数人只拿100美元，那是众数，表示大多数人所拿的工资数，这些都不是我所说的平均数．我并没有欺骗你，而是平均数欺骗了你．"

对于二维随机变量，　数学期望和方差只反映了这两个随机变量各自的平均值与偏离程度，并不能反映随机变量之间的关系，那我们能不能定义一个数字特征用于刻画随机变量之间的关系呢？

老子言：一生二，二生三，三生万物．由一个随机变量的偏离程度的刻画量——方差

$$D(x)=E\{[X-E(X)]^2\},$$

我们可以推演出两个变量相互间的偏离程度刻画量

$$E\{[X-E(X)][Y-E(Y)]\},$$

称之为这两个随机变量的协方差．

1. 协方差的定义

随机变量X与Y的协方差为

$$Cov(X, Y)=E\{[X-E(X)][Y-E(Y)]\}.$$

（1）协方差是两变量与其各自期望值的偏差乘积的期望；

（2）协方差的值可正可负，也可为零；

（3）对协方差的定义式稍做推导，就可以得到协方差的计算

公式：

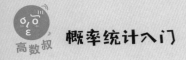
$$Cov(X,Y)=E\{[X-E(X)][Y-E(Y)]\}$$

$$=E(XY)-E(X)E(Y)-E(Y)E(X)+E(X)E(Y)$$

$$=E(XY)-E(X)E(Y).$$

2. 协方差的性质

（1）$Cov(X,Y)=Cov(Y,X)$；

（2）$Cov(X,a)=Cov(b,Y)=0$（a,b为常数）；

（3）$Cov(aX,bY)=ab\,Cov(X,Y)$（a,b为常数）；

（4）$Cov(X_1+X_2,Y)=Cov(X_1,Y)+Cov(X_2,Y)$；

（5）若X与Y相互独立，则$Cov(X,Y)=0$；

（6）方差与协方差的关系：

$$D(X\pm Y)=D(X)+D(Y)\pm 2Cov(X,Y).$$

由协方差的性质（3）可知，协方差的取值大小会受到量纲的影响．比如研究某地居民收入X和消费金额Y之间的关系，如果将X和Y的单位由人民币换为韩元(1人民币=165韩元)，协方差就会变大165^2倍!但实际上，山还是那座山，梁还是那道梁，一切都没变，变量没变，它们的关系也没变．这样看来，仅用协方差来描述两个变量的关系似乎并不是那么准确．为了克服这一缺点，我们可以对X和Y进行标准化：

$$X^{*}=\frac{X-E(X)}{\sqrt{D(X)}},\qquad Y^{*}=\frac{Y-E(Y)}{\sqrt{D(Y)}},$$

那么，X^{*}和Y^{*}的协方差就是

$$Cov(X^*, Y^*) = Cov\left(\frac{X - E(X)}{\sqrt{D(X)}}, \frac{Y - E(Y)}{\sqrt{D(Y)}}\right) = \frac{Cov(X - E(X), Y - E(Y))}{\sqrt{D(X)}\sqrt{D(Y)}}$$

$$= \frac{Cov(X, Y) - Cov(X, E(Y)) - Cov(E(X), Y) + Cov(E(X), E(Y))}{\sqrt{D(X)}\sqrt{D(Y)}}$$

$$= \frac{Cov(X, Y) - 0 - 0 + 0}{\sqrt{D(X)}\sqrt{D(Y)}}$$

$$= \frac{Cov(X, Y)}{\sqrt{D(X)}\sqrt{D(Y)}},$$

$\dfrac{Cov(X, Y)}{\sqrt{D(X)}\sqrt{D(Y)}}$ 体现了消除量纲后两个变量之间的关系，我们称这个量

为 X 与 Y 的相关系数.

3. 相关系数的定义

设 $D(X)>0$，$D(Y)>0$，随机变量 X 与 Y 的相关系数为

$$\rho_{XY} = \frac{Cov(X, Y)}{\sqrt{D(X)}\sqrt{D(Y)}}.$$

可以证明，相关系数的取值一定位于 -1 到 1 之间. 当 $\rho_{XY}>0$ 时，说明

X 与 Y 步调一致，此增彼增，此减彼减，此时我们称它们之间是正相关

的；类似地，当 $\rho_{XY}<0$ 时，就称 X 与 Y 是负相关的，如图15-1所示：

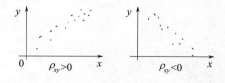

图 15-1

$|\rho_{XY}|$越大，说明X与Y的线性关系越大，特别地，当$\rho_{XY}=1$时，称这两个变量是完全正相关的，当$\rho_{XY}=-1$时，称它们是完全负相关的.

4. 相关系数的性质

（1）X、Y不相关时，有 $\rho_{XY}=0 \Leftrightarrow \mathrm{Cov}(X,Y)=0$
$$\Leftrightarrow E(XY)=E(X)E(Y)$$
$$\Leftrightarrow D(X \pm Y)=D(X)+D(Y).$$

（2）X、Y相互独立 $\Rightarrow$ X、Y不相关，X、Y不相关 $\nRightarrow$ X、Y相互独立.

事实上，相关系数ρ_{XY}描述的是变量X、Y之间的线性关系，所以如果X、Y彼此独立，老死不相往来，那这两个变量一定是没有任何关系的，也就是不相关($\rho_{XY}=0$)；反之，如果X、Y不相关，那只能说明这两个变量之间是没有线性关系的，可能存在更复杂的关系，比如曲线关系，所以不相关不能推出两个变量彼此完全独立.

例1 设 (X, Y) 的分布律为

X＼Y	0	1	2	3
1	0	3/8	3/8	0
3	1/8	0	0	1/8

求X、Y的协方差$Cov(X, Y)$和相关系数ρ_{XY}，并判断X与Y是否独立.

解：步骤一，求分布. 要研究两个变量之间的关系，先搞清这两个

变量自己的分布(边缘分布):

X＼Y	0	1	2	3	$P(X=x_i)$
1	0	3/8	3/8	0	3/4
3	1/8	0	0	1/8	1/4
$P(Y=y_j)$	1/8	3/8	3/8	1/8	1

所以X、Y的边缘分布分别为:

X	1	3
P	3/4	1/4

及

Y	0	1	2	3
P	1/8	3/8	3/8	1/8

此外，还需要用到下面的分布:

X^2	1	9
P	3/4	1/4

Y^2	0	1	4	9
P	1/8	3/8	3/8	1/8

XY	0	1	2	3	6	9
P	1/8	3/8	3/8	0	0	1/8

步骤二，计算期望和方差，进而求出协方差和相关系数.

$E(X)=1 \times 3/4+3 \times 1/4=3/2,$

$E(Y)=0 \times 1/8+1 \times 3/8+2 \times 3/8+3 \times 1/8=3/2,$

$E(X^2)=1 \times 3/4+9 \times 1/4=3,$

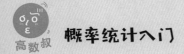
$E(Y)^2$=0 × 1/8+1 × 3/8+4 × 3/8+9 × 1/8=3,

$E(XY)$=0 × 1/8+1 × 3/8+2 × 3/8+3 × 0+6 × 0+9 × 1/8=9/4.

故

$$Cov\ (X, Y)=E(XY)-E(X)E(Y)=9/4-9/4=0,$$

$$\rho_{XY} = \frac{Cov(X,Y)}{\sqrt{D(X)}\sqrt{D(Y)}} = 0.$$

再由$P(X=1, Y=0)\neq P(X=1)P(Y=0)$，知$X$与$Y$不独立.

这道题就验证了，两个随机变量不相关，不能推出它们是相互独立的.

 例2　设二维随机变量 (X, Y) 的概率密度为

$$f(x,y)=\begin{cases} 2, & x > 0, y > 0, x+y < 1, \\ 0, & 其他. \end{cases}$$

求协方差 $Cov\ (X, Y)$ 和相关系数 ρ_{XY}.

解：第一步，计算两个变量的边缘分布，如图15-2所示：

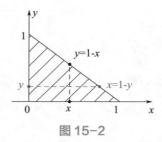

图 15-2

$$f_X(x) = \int_{-\infty}^{+\infty} f(x,y)\mathrm{d}y = \begin{cases} \int_0^{1-x} 2\mathrm{d}y = 2(1-x), & 0 < x < 1, \\ 0, & \text{其他.} \end{cases}$$

$$f_Y(y) = \int_{-\infty}^{+\infty} f(x,y)\mathrm{d}x = \begin{cases} \int_0^{1-y} 2\mathrm{d}x = 2(1-y), & 0 < y < 1, \\ 0, & \text{其他.} \end{cases}$$

第二步，计算期望和方差，进而求出协方差和相关系数.

$$E(X) = \int_{-\infty}^{+\infty} x f_X(x)\mathrm{d}x = \int_0^1 2x(1-x)\mathrm{d}x = \frac{1}{3},\ E(Y) = \int_{-\infty}^{+\infty} y f_Y(y)\mathrm{d}x = \int_0^1 2y(1-y)\mathrm{d}y = \frac{1}{3},$$

$$E(X^2) = \int_{-\infty}^{+\infty} x^2 f_X(x)\mathrm{d}x = \int_0^1 2x^2(1-x)\mathrm{d}x = \frac{1}{6},\quad E(Y^2) = \int_{-\infty}^{+\infty} y^2 f_Y(y)\mathrm{d}x = \int_0^1 2y^2(1-y)\mathrm{d}y = \frac{1}{6},$$

$$E(XY) = \int_{-\infty}^{+\infty}\int_{-\infty}^{+\infty} xy f(x,y)\mathrm{d}x\mathrm{d}y = \int_0^1 x\mathrm{d}x \int_0^{1-x} 2y\mathrm{d}y = \int_0^1 x(1-x)^2\mathrm{d}x = \frac{1}{12}.$$

故

$$D(X) = E(X^2) - [E(X)]^2 = \frac{1}{6} - \left(\frac{1}{3}\right)^2 = \frac{1}{18},$$

$$D(Y) = E(Y^2) - [E(Y)]^2 = \frac{1}{6} - \left(\frac{1}{3}\right)^2 = \frac{1}{18}.$$

因此

$$Cov(X,Y) = E(XY) - E(X)E(Y) = \frac{1}{12} - \frac{1}{3} \times \frac{1}{3} = -\frac{1}{36},$$

$$\rho_{XY} = \frac{Cov(X,Y)}{\sqrt{D(X)}\sqrt{D(Y)}} = \frac{-1/36}{\sqrt{1/18}\sqrt{1/18}} = -\frac{1}{2}.$$

例3 将一枚硬币重复掷 n 次,以 X 与 Y 分别表示正面向上和反面向上的次数,则 X 与 Y 的相关系数等于(   ).

    A. -1 B. 0 C. $1/2$ D. 1

    解:由题设有 $X+Y=n$,即 $Y=-X+n$,说明这两个变量具有线性关系,并且 X 的系数为 -1,说明是完全负相关,即 $\rho_{XY}=-1$,应选择A选项.

叔 叔 鸡 汤

路遥知马力,日久见人心,不要把隐性的积累导致的高概率事件错误地当作了天赋偶然.

第十六回

大数定律及中心极限定理

伯努利大数定律要说明什么

　　之前我们说过，伯努利的《推测术》是奠定概率论发展的三大著作之一，而这本书中最重要的第四部分，其中就包含了现在我们称之为"伯努利大数定律"的重要定理，可以说"大数定律"是我们现今数理统计的理论根基，有着非常重要的意义. 那么大数定理在当时是如何得出的呢？

　　现在有一个盒子，里面有大小、质地一样的球 $a+b$ 个，其中白球 a 个，黑球 b 个，随机抽球，如果"抽出之球为白球"的概率为 p，则有 $P=\dfrac{a}{a+b}$. 通常怎么来估计这个 p 呢？最简单的方式就是有放回地从盒子中抽球 N 次，其中 X_N 为抽到白球的次数，当次数 N 很大时我们就可以用 $\dfrac{X_N}{N}$ 估计 p. 这种估计的方法到现在依然是数理统计学中最基本的方法之一. 注意这里有一个前提，那就是每次抽取时都要保证盒子中这 $a+b$ 个球每次被抽到的可能性是相同的，但显然这也是最难做到的一点，因为球很难完全一样.

　　伯努利的大数定律就是在证明，当试验次数足够多时，并且所有的前提都能满足时，$\dfrac{X_N}{N}$ 的值确实等于 p，貌似很无聊，但真的很重要.

在第二回频率与概率中，我们曾经讲过，事件发生的频率在少数次试验中是非常随机的，但随着试验次数的增大，频率将会逐渐稳定于一个确定的值，就是概率．当时，只给出了这一结论，并未道破其中的原委，今天就来揭晓为什么能以某事件发生的频率作为该事件概率的估计．当试验次数很大时，频率到底有多"接近"概率？下面就让大数定律告诉我们答案吧．

1. 大数定律

伯努利大数定理　设n_A是n次独立重复试验中事件A发生的次数，p是事件A在每次试验中发生的概率，则对于任意$\varepsilon>0$，有

$$\lim_{n\to\infty} P\left\{\left|\frac{n_A}{n}-p\right|<\varepsilon\right\}=1 .$$

若记$f_A=\dfrac{n_A}{n}$表示n次试验中A发生的频率，则上式可写为

$$\lim_{n\to\infty} P\left\{\left|f_A-p\right|<\varepsilon\right\}=1 ,$$

即$f_A \xrightarrow{\ P\ } p$．

这个定理说明，随着试验次数n的增大，事件A发生的频率f_A与其概率p的偏差会越来越小，小到可以无视其存在．这就是频率稳定于概率

的含义. 因此, 在实际应用中, 只要保证试验次数很大, 便可以用事件发生的频率来近似事件的概率了.

譬如熙哥也曾做过抛硬币试验, 抛3次, 出现1次正面, 那么正面出现的频率为0.3333, 与实际概率0.5相去甚远, 如果连抛30000次, 近似程度就大大提高了, 此时我们用频率来代替概率, 其误差几乎可以忽略不计了.

我们可以把伯努利定理的条件推广到更一般的情形, 得到关于均值的辛钦大数定理.

辛钦大数定理 设随机变量$X_1, X_2, \cdots, X_n, \cdots$相互独立, 服从同一分布且具有相同的数学期望$E(X_k)=\mu(k=1, 2, \cdots)$. 作前$n$个变量的算术平均$\overline{X}=\dfrac{1}{n}\displaystyle\sum_{k=1}^{n}X_k$, 则对于任意$\varepsilon>0$, 有$\lim\limits_{n\to\infty}P\{|\overline{X}-\mu|<\varepsilon\}=1$, 即$\overline{X}\xrightarrow{P}\mu$.

这个定理看上去十分抽象, 我们不妨举一个简单的例子. 譬如, 某地居民的平均身高为μ(单位: cm), 在条件不变的情况下从中选出n个人, 得到的身高数据为$X_1, X_2, \cdots, X_n$, 此时我们可以取算术平均值$\overline{X}=\dfrac{1}{n}\displaystyle\sum_{k=1}^{n}X_k$作为$\mu$的近似值, 显然随着$n$的增大, $\overline{X}$与μ的误差会越来越小.

因此, 辛钦大数定理的意义就在于, 它从理论上指出了用算术平均值来近似实际真值是合理的, 尤其当试验次数足够大时, 这种近似的精度是非常高的.

2. 中心极限定理

辛钦大数定理给出了随机变量平均值 $\bar{X}$ 的渐近性质，但没有给出它的分布情况. 我们知道，在实际应用中，很多随机变量都服从正态分布，比如某大学大一男生的身高，某厂生产零件的直径，等等，如图16-1所示.

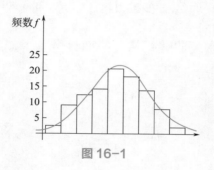

图 16-1

但是也有很多随机变量本身不服从正态分布，例如某种灯泡的寿命 X 是服从指数分布的，可以画出它的概率密度曲线，如图16-2所示.

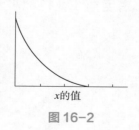

图 16-2

如果我们随机抽取2只，测得两只灯泡的寿命分别为 X_1 和 X_2，且它们是相互独立的，那么可以证明，其平均寿命 $\bar{X} = \dfrac{1}{2}(X_1 + X_2)$ 对应的概率密度曲线就变成如图16-3所示了.

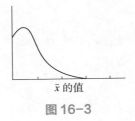

图 16-3

看不出啥门道，那么再多抽几个，当抽到第5只时，发现平均寿命 $\overline{X} = \dfrac{1}{5}\displaystyle\sum_{k=1}^{5} X_k$ 的概率密度曲线好像有些面目全非了，如图16-4所示.

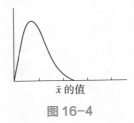

图 16-4

继续抽，在疯狂地烧坏了30只灯泡后，神奇的事情终于发生了!平均寿命 $\overline{X} = \dfrac{1}{n}\displaystyle\sum_{k=1}^{n} X_k$ 的概率密度曲线变得几乎跟正态分布的密度曲线一模一样了，如图16-5所示.

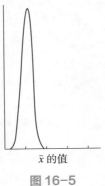

图 16-5

这表明，当n很大时，随机变量X的算术平均 $\overline{X} = \dfrac{1}{n}\displaystyle\sum_{k=1}^{n} X_k$ 是近似服从正态分布的．无独有偶，对于服从其他分布的随机变量我们也可以得到类似的结论，如下表所示．

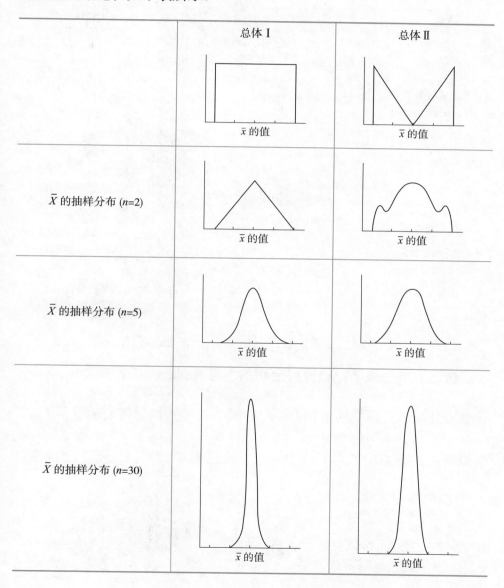

概率论中有关论证独立随机变量平均值(或和)的极限分布是正态分布的一系列定理称为中心极限定理. 这里,我们介绍两个重要的定理,如下表所示.

名称	可怕的定理	其实这样考
林德伯格—莱维 中心极限定理	设随机变量 $X_1, X_2, \cdots$ 独立同分布,且数学期望与方差存在,即 $$E(X_k)=\mu, D(X_k)=\sigma^2 \neq 0, (k=1, 2, \cdots),$$ 则对任意 $x \in (-\infty, +\infty)$,有 $$\lim_{n \to \infty} P\left\{ \frac{\sum\limits_{k=1}^{n} X_k - n\mu}{\sqrt{n}\,\sigma} < x \right\} = \frac{1}{\sqrt{2\pi}} \int_{-\infty}^{x} e^{\frac{-t^2}{2}} \, dt$$	当 n 充分大时,有 $$\frac{\sum\limits_{k=1}^{n} X_k - n\mu}{\sqrt{n}\,\sigma} \overset{\text{近似}}{\sim} N(0, 1),$$ $$\sum\limits_{k=1}^{n} X_k \overset{\text{近似}}{\sim} N(n\mu, n\sigma^2)$$
隶莫弗—拉普拉斯 中心极限定理	设随机变量 $X_1, X_2, \cdots$ 独立同分布,且 $$P\{X_k=1\}=p, P\{X_k=0\}=1-p,$$ $$(0<p<1; k=1, 2, \cdots),$$ 则对任意 $x \in (-\infty, +\infty)$,有 $$\lim_{n \to \infty} P\left\{ \frac{\sum\limits_{k=1}^{n} X_k - np}{\sqrt{np(1-p)}} < x \right\} = \frac{1}{\sqrt{2\pi}} \int_{-\infty}^{x} e^{\frac{-t^2}{2}} \, dt$$	$$X = \sum\limits_{k=1}^{n} X_k \sim B(n, p);$$ 当 n 充分大时,有 $$\frac{X - np}{\sqrt{np(1-p)}} \overset{\text{近似}}{\sim} N(0, 1),$$ $$X \overset{\text{近似}}{\sim} N[np, np(1-p)],$$ 即二项分布的极限分布是正态分布

林德伯格—莱维中心极限定理的意思就是,当随机变量 $X_1, X_2, \cdots$ 独立同分布,且数学期望和方差存在时,这些随机变量的和 $\sum\limits_{k=1}^{n} X_k$ 是近似服从正态分布的,并且这个正态分布的期望和方差就等于随机变量 $\sum\limits_{k=1}^{n} X_k$ 的期望和方差:

$$E\left(\sum_{k=1}^{n} X_k \right) = \sum_{k=1}^{n} E(X_k) = n\mu,$$

$$D\left(\sum_{k=1}^{n} X_k\right) = \sum_{k=1}^{n} D(X_k) = nD(X_k) = n\sigma^2,$$

即

$$\sum_{k=1}^{n} X_k \overset{\text{近似}}{\sim} N(n\mu, n\sigma^2).$$

显然，如果随机变量的和服从正态分布，那么它们的平均值 $\overline{X} = \dfrac{\sum\limits_{k=1}^{n} X_k}{n}$ 也是服从正态分布的，这就解释了之前我们看到的，随机变量的均值为何会随着 n 的变大而逐渐趋于正态分布.

再看一下隶莫弗—拉普拉斯中心极限定理，如果随机变量 X 服从二项分布 $B(n, p)$，那么在 n 比较大时，我们同样可以用正态分布来近似这个二项分布，并且这个正态分布的期望和方差就是随机变量 X 的期望和方差：

$$E(X) = np, \qquad D(X) = np(1-p),$$

即

$$X \overset{\text{近似}}{\sim} N[np, np(1-p)].$$

中心极限定理的意义就在于，只要满足了定理的条件，随机变量本身服从什么分布就不重要了，仅需保证 n 充分大，我们总可以用正态分布来近似随机变量的和(或均值)的分布.

 例 1 某高校图书馆阅览室共有880个座位，该校共有12000名学生，已知每天晚上每个学生到阅览室去自习的概率为8%．

（1）求阅览室晚上座位不够用的概率；

（2）若要以80%的概率保证晚上去阅览室自习的学生都有座位，阅览室还需增加多少座位？

分析：如果记X为每晚去阅览室自习的学生数，显然$X \sim B(12000, 0.08)$. 由于图书馆阅览室共有880个座位，所以座位不够用的概率就是$P(X>880)$，如果直接用二项分布的分布律来计算，那么该概率可以写成

$$P(X > 800) = \sum_{k=880}^{12000} C_{12000}^k (0.08)^k (0.92)^{12000-k}.$$

估计要把它计算出来，怎么也得三天三夜吧！生命苦短，不如做些有意义的事儿，看看有没有简单的算法？

我们知道，当人数很大时，我们可以用正态分布来近似二项分布，尽管得不到概率的准确值，但是近似程度也是相当高的，产生的误差几乎可以忽略不计，关键是速度真的很快！不信你来看！

由隶莫弗—拉普拉斯中心极限定理知，当n较大时，二项分布$B(12000, 0.08)$可用正态分布$N[np, np(1-p)]$来近似，即

$$X \overset{\text{近似}}{\sim} N(960, 883.2).$$

下面我们用正态分布来近似求解题目中的两个问题.

（1）所求概率为

$$P\{880 < X \leqslant 12000\} = P\left\{\frac{880-960}{\sqrt{883.2}} < \frac{X-960}{\sqrt{883.2}} \leqslant \frac{12000-960}{\sqrt{883.2}}\right\}$$

$$\approx \Phi\left(\frac{12000-960}{\sqrt{883.2}}\right) - \Phi\left(\frac{880-960}{\sqrt{883.2}}\right)$$

$$\approx \Phi(371) - \Phi(-2.69)$$

$$= 1 - [1 - \Phi(2.69)] = 0.9964.$$

（2）设阅览室至少要增添a个座位，依题意，要以80%的概率保证晚上去阅览室自习的学生都有座位，那么a应满足

$$P\{X \leqslant 880 + a\} \geqslant 0.80.$$

而

$$P\{X \leqslant 880 + a\} = \left\{\frac{X-960}{\sqrt{883.2}} \leqslant \frac{880+a-960}{\sqrt{883.2}}\right\} \approx \Phi\left(\frac{a-80}{29.72}\right),$$

即要求$\Phi\left(\frac{a-80}{29.72}\right) \geqslant 0.80$. 反查标准正态分布表可知$\frac{a-80}{29.72} \geqslant 0.842$，解出$a \geqslant 105.02$. 因此，阅览室至少要增加106个座位，才能以80%的概率保证晚上去自习的学生都有座位.

 例2　已知某拳击手使用的手套的寿命(单位：小时)服从指数分布，其平均使用寿命为20小时，如果发现手套坏了就马上更换新的，如此继续下去，试求在年计划中应为他准备多

少副手套才可能有95%的把握保证一年够用(假设一年有2000个工作小时)?

分析：本题是在已知每副手套寿命分布的前提下，讨论一年内所使用的手套的总寿命不少于2000小时的概率，在直接求解不太方便时，别忘了我们还有一招撒手锏——用中心极限定理来近似计算.

解：假设第i副手套的使用寿命为X_i，由于X_i服从参数为λ的指数分布，根据指数分布的期望和方差公式，我们知道$E(X_i)=\dfrac{1}{\lambda}$，$D(X_i)=\dfrac{1}{\lambda^2}$. 由题意可知，$E(X_i)=20$，那么$D(X_i)=20^2=400$.

假定一年至少准备n副手套才能有95%的把握够用. 很显然，每副手套的使用寿命X_1, X_2, $\cdots$, X_n是相互独立的，由林德伯格—莱维中心极限定理，有

$$\frac{\sum\limits_{k=1}^{n}X_k-20n}{20\sqrt{n}}\overset{\text{近似}}{\sim}N(0,1).$$

要保证能有95%的把握够用，实际上就是保证这n副手套的总寿命不低于2000小时，即

$$P\left\{\sum_{k=1}^{n} X_k \geq 2000\right\} = 0.95,$$

用正态分布近似计算，可以得到

$$0.05 = 1 - P\left\{\sum_{k=1}^{n} X_k \geq 2000\right\} = P\left\{\frac{\sum_{k=1}^{n} X_k - 20n}{20\sqrt{n}} < \frac{2000 - 20n}{20\sqrt{n}}\right\},$$

$$\approx \Phi\left(\frac{2000 - 20n}{20\sqrt{n}}\right) = \Phi\left(\frac{100 - n}{\sqrt{n}}\right),$$

由正态分布的分布函数的性质，有

$$\Phi\left(\frac{n - 100}{\sqrt{n}}\right) = 1 - \Phi\left(\frac{100 - n}{\sqrt{n}}\right) \approx 0.95.$$

查表得$\frac{n - 100}{\sqrt{n}} \approx 1.64$，故$n \approx 118$. 因此，应准备118副手套才可能有95%的把握保证一年够用.

第十七回

样本与抽样分布

一个"学生"发现的分布

英国统计学家戈塞（1876—1937）是小样本统计理论的开创者，同时他也是一名化学家．1899年，他在都柏林一家酿酒公司担任酿造化学技师，并从事统计和实验分析工作，他在工作中发现运来酿酒的每批麦子质量相差很大，而同一批麦子中能抽样供试验的麦子又很少，每批样本在不同的温度下做实验，其结果相差很大，这样一来，实际上取得的麦子样本，不可能是大样本，只能是小样本．

我们现在都说"大数据"分析很准确，那么利用小样本来分析数据是否也有可信度呢？这里面的误差又有多大？戈赛也在这样的自我提问中开始了研究，小样本理论就在这样的背景下应运而生．1907年，戈塞决心把小样本和大样本之间的差别搞清楚．为此，他试图把一个总体中的所有小样本的平均数的分布刻画出来，做法是，在一个大容器里放了一批纸牌，把它们弄乱，随机地抽若干张，对这一样本做实验记录观察值，然后再把纸牌弄乱，抽出几张，对相应的样本再做实验观察，记录观察值，大量地记录这种随机抽样的小样本观察值，就可以获得小样本观察值的分布函数，戈塞称其为"t分布函数"．

1908年，戈塞以"Student"的笔名在《生物计量学》杂志发表了论文《平均数的规律误差》．这篇论文开创了小样本统计理论的先河，为研究样本分布理论奠定了重要基础，被统计学家誉为统计推断理论发展史上的里程碑．后来t分布在当时的大科学家费舍尔的研究和成果中被发扬光大，戈塞也被费舍尔称为"统计学史中的法拉第"！

　　还记得这本书的名字吧，叫《高数叔概率统计入门》，为什么叫"概率统计"呢?因为这本书总共包括两部分内容——概率论和数理统计，由于太长写不下，所以简称概率统计. 之前我们讲的都属于概率论的范畴，就是假定随机变量的分布是已知的，在这个前提下去研究它的性质、特点和规律性，例如求它的期望和方差，讨论随机事件发生的概率，等等. 从这回开始，我们终于要学习数理统计了! 在数理统计中，我们研究的随机变量，它的分布是未知的，怎么办呢? 我们可以通过试验获得一些数据，利用这些数据来推测总体的信息.

　　譬如说，要了解某厂生产的灯泡的寿命，我们不能把这个厂所有的灯泡都烧坏，来测定它们的寿命吧? 医生想对人体的血液进行检查，难不成要把身体内所有的血液都抽出来验一遍? 厨师想知道他熬的一锅汤味道如何，是不是得把这一锅汤都干了?

　　答案是否定的，那么想想聪明的我们是怎么做的？要测定某厂生产的灯泡的寿命，我们可以随机抽取20只灯泡做个试验，然后用这20只灯泡的平均寿命来估计全厂灯泡的寿命；医生要对人体进行血液检查，那只要抽一管静脉血，甚至抽几滴指血就解决问题了；厨师想知道一锅汤的咸淡，只需尝一口即可．实际上，这种用局部估计整体的方法就是"抽样调查"．下面我们来学习"抽样调查"的一些基本概念．

　　我们称研究的全体，也就是一个试验全部可能的观察值叫作**总体**，譬如某厂生产的所有灯泡的寿命；其中每一个可能观察值称作**个体**，比如每一只灯泡的寿命；总体中所包含的个体的个数称为**总体的容量**．为了了解总体的信息，我们需要从总体中抽取一些个体，并记录下这些个体的观测结果，这个过程就是抽样调查．

　　我们在相同条件下对总体X进行n次重复的、独立的观察，将这n次的观察结果按试验的次序记为$X_1, X_2, \cdots, X_n$，显然$X_1, X_2, \cdots, X_n$彼此之间是独立的，并且它们来自同样的总体，所以它们与X服从相同的分布，我们就称随机变量$X_1, X_2, \cdots, X_n$为来自总体X的一个简单随机样本．当抽样结束了，就得到了n个实数$x_1, x_2, \cdots, x_n$，它们依次是随机变量$X_1, X_2, \cdots, X_n$的观察值，称为样本值．

　　抽样的目的就是利用样本值，对总体X的分布进行各种推断．当然，在应用时，我们往往不直接使用样本本身，而是针对不同的问题构造合适的样本函数．在统计学中，我们将简单随机样本$X_1, X_2, \cdots, X_n$的函数$g(X_1, X_2, \cdots, X_n)$统称为**统计量**．

常用的样本函数见下表.

样本均值	$\bar{X} = \dfrac{1}{n}\sum\limits_{i=1}^{n} X_i$
样本方差	$S^2 = \dfrac{1}{n-1}\sum\limits_{i=1}^{n}\left(X_i - \bar{X}\right)^2$
样本标准差	$S = \sqrt{\dfrac{1}{n-1}\sum\limits_{i=1}^{n}\left(X_i - \bar{X}\right)^2}$
样本 k 阶(原点)矩	$A_k = \dfrac{1}{n}\sum\limits_{i=1}^{n} X_i^k, k = 1,2,\cdots$

显然，统计量本身是一个随机变量，当抽样结束了，将抽样结果x_1，x_2，$\cdots$，x_n代入这些函数，就可以得到统计量具体的取值了. 举个例子，如果抽样的结果是8、29、15、8、21，那么这组样本的均值、方差和标准差分别为：

$$\bar{X} = \frac{8+29+15+8+21}{5} = 16.2,$$

$$S^2 = \frac{(8-16.2)^2 + (29-16.2)^2 + (15-16.2)^2 + (8-16.2)^2 + (21-16.2)^2}{5-1} = 80.7,$$

$$S = \sqrt{S^2} = \sqrt{80.7} = 8.98.$$

在使用统计量估计总体时，我们常常需要知道它的分布. 这里，我们称统计量的分布为抽样分布. 由于正态分布是自然界中最重要的一种概率分布，所以我们重点来介绍来自正态分布的几个常用统计量的分布.

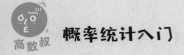

1. χ^2分布

χ^2分布(chi-square distribution)是由阿贝于1863年首先提出的，后由海尔墨特和现代统计学奠基人之一的卡·皮尔逊分别于1875年和1900年推导出来，是统计学中的一个非常有用的分布.

设$X_1, X_2, \cdots, X_n$是来自总体$N(0, 1)$的样本，那么我们称这n个随机变量的平方和

$$\chi^2 = X_1^2 + X_2^2 + \cdots + X_n^2$$

是服从自由度为n的χ^2分布，记为$\chi^2 \sim \chi^2(n)$. 概率密度曲线如图17-1所示.

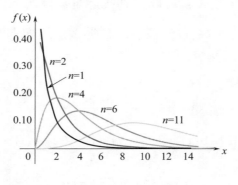

$$f(x) = \begin{cases} \dfrac{1}{2^{n/2}\,\Gamma\,(n/2)}\, x^{\frac{n}{2}-1}\, e^{-x/2}, & x > 0, \\ 0, & \text{其他.} \end{cases}$$

图 17-1

χ^2分布的性质：

（1）若$\chi^2 \sim \chi^2(n_1)$，$\chi^2 \sim \chi^2(n_2)$，且χ_1^2、χ_2^2相互独立，则有

$$\chi_1^2 + \chi_2^2 \sim \chi^2(n_1 + n_2).$$

（2）若$\chi^2 \sim \chi^2(n)$，则它的期望和方差分别为：

$$E(\chi^2)=n, D(\chi^2)=2n.$$

2. t分布

学生t-分布(Student's t-distribution)，简称为t分布．由威廉·戈塞于1908年首先推导并发表，当时他在都柏林的健力士酿酒厂担任统计学家，为了观测酿酒质量发明了t分布．但因其老板认为其为商业机密而被迫使用笔名（学生）．之后罗纳德·费舍尔将他的工作发扬光大，并正式将此分布命名为学生分布．

t分布是由标准正态分布和卡方分布组成的．设$X \sim N(0, 1)$，$Y \sim \chi^2(n)$，且X, Y相互独立，那么就称

$$t = \frac{X}{\sqrt{Y/n}}$$

服从自由度为n的t分布，记为$t \sim t(n)$．当n比较大时，它的概率密度曲线和标准正态分布的形态是非常相似的，如图17-2所示．

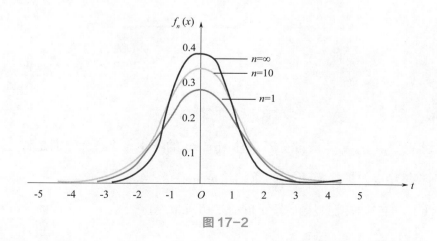

图 17-2

3. F分布

F分布是1924年英国统计学家R.A.Fisher提出，并以其姓氏的第一个字母命名的. F分布是一种非对称的分布，它由两个卡方分布构成.

设$U\sim\chi^2(n_1)$，$Y\sim\chi^2(n_2)$，且U、V相互独立，那么称

$$F = \frac{U/n_1}{V/n_2}$$

服从自由度为 (n_1, n_2)的F分布，记为$F\sim F(n_1, n_2)$. 显然，如果$F\sim F(n_1, n_2)$，那么$\dfrac{1}{F}\sim F(n_2, n_1)$. F分布的概率密度曲线是这样的，如图17-3所示：

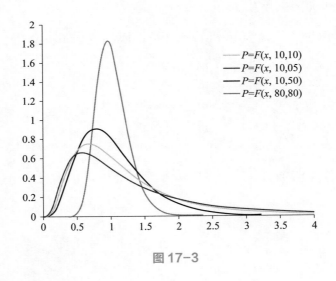

图 17-3

4. 正态总体的样本均值和样本方差的分布

设$X_1, X_2, \cdots, X_n$是来自正态总体$N(\mu, \sigma^2)$的样本，$\overline{X}$、S^2分别是样本均值和样本方差，那么有下面四条结论成立：

（1）样本均值服从正态分布：$\overline{X}\sim N(\mu, \sigma^2/n)$；

（2）样本方差服从卡方分布：$\dfrac{(n-1)S^2}{\sigma^2} \sim \chi^2(n-1)$；

（3）$\overline{X}$ 与 S^2 相互独立；

（4）$\dfrac{\overline{X}-\mu}{S/\sqrt{n}} \sim t(n-1)$.

例1 设总体 $X \sim N(\mu, \sigma^2)$，其中 μ 已知，σ^2 未知，$X_1, X_2, \cdots, X_n$ 是来自总体 X 的样本，$x_1, x_2, \cdots, x_n$ 是抽样得到的一组样本值，下面哪个不是统计量呢？

(1) $\dfrac{1}{n}\sum\limits_{i=1}^{n} X_i$　　(2) $\sum\limits_{i=1}^{n}\left(\dfrac{X_i-\mu}{\sigma}\right)^2$　　(3) $\dfrac{1}{n}\sum\limits_{i=1}^{n}(x_i-\mu)^2$　　(4) $\max\{X_1, X_2, X_3\}$

解：我们知道，统计量是含有样本的随机变量，而且不能含有未知参数. 所以，(2)不是统计量.

例2 设随机变量 $X \sim N(1, 2^2)$，$X_1, X_2, \cdots, X_{100}$ 是取自总体 X 的样本，$\overline{X}$ 为样本均值，已知 $Y = a\overline{X} + b \sim N(0, 1)$，求 a 和 b 的值.

解：由于 Y 的分布与 $\overline{X}$ 有关，所以我们先把 $\overline{X}$ 的分布写出来. 显然，如果 $X \sim N(1, 2^2)$，那么 $\overline{X} \sim N(1, 2^2/100) = N(1, 1/25)$. 下面，我们可以通过比较等式 $Y = a\overline{X} + b$ 两边的期望和方差，来确定 a 和 b 的值.

因为
$$0 = E(Y) = E(a\overline{X} + b) = aE(\overline{X}) + b = a + b,$$
$$1 = D(Y) = D(a\overline{X} + b) = a^2 D(\overline{X}) = \dfrac{a^2}{25},$$

所以 $a=5$, $b=-5$, 或 $a=-5$, $b=5$.

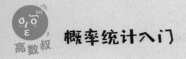

例3 设总体 $X \sim N(0, 9)$，$(X_1, X_2, \cdots, X_{30})$ 是取自 X 的样本，写出统计

量 $Y = \dfrac{1}{9}\sum\limits_{i=1}^{15} X_i^2$ 、$Z = \dfrac{4X_{17}}{\sqrt{\sum\limits_{i=1}^{16} X_i^2}}$ 、$W = \dfrac{\sum\limits_{i=1}^{20} X_i^2}{2\sum\limits_{i=21}^{30} X_i^2}$ 的分布，并计

算 Y 的期望和方差.

解： 由于 $X_i \sim N(0, 9)$，则 $\dfrac{X_i}{3} \sim N(0,1)$，$\left(\dfrac{X_i}{3}\right)^2 \sim \chi^2(1)$. 因此，

$$Y = \frac{1}{9}\sum_{i=1}^{15} X_i^2 = \sum_{i=1}^{15}\left(\frac{X_i}{3}\right)^2 \sim \chi^2(15).$$

再由 $\dfrac{X_{17}}{3} \sim N(0,1)$，$\sum\limits_{i=1}^{16}\left(\dfrac{X_i}{3}\right)^2 \sim \chi^2(16)$，　得到

$$Z = \frac{4X_{17}}{\sqrt{\sum\limits_{i=1}^{16} X_i^2}} = \frac{X_{17}/3}{\sqrt{\sum\limits_{i=1}^{16}\left(\dfrac{X_i}{3}\right)^2 \bigg/ 16}} \sim t(16).$$

最后，根据 $\sum\limits_{i=1}^{20}\left(\dfrac{X_i}{3}\right)^2 \sim \chi^2(20)$，$\sum\limits_{i=21}^{30}\left(\dfrac{X_i}{3}\right)^2 \sim \chi^2(10)$，算得

$$W = \frac{\sum\limits_{i=1}^{20} X_i^2}{2\sum\limits_{i=21}^{30} X_i^2} = \frac{\sum\limits_{i=1}^{20} X_i^2 \bigg/ 20}{\sum\limits_{i=21}^{30} X_i^2 \bigg/ 10} \sim F(20,10).$$

根据卡方分布的期望和方差公式，可以算出

$$E(Y)=n=15, D(Y)=2n=30.$$

例4　设一次智力测试的得分服从正态分布$N(100, 16^2)$，随机抽取9个人参加测试，求这9个人的平均得分大于110的概率.

解：很显然，这道题要用到样本均值$\overline{X}$的分布. 设参加测试的这9个人的得分为X_1，X_2，$\cdots$，X_9，且都服从$N(100, 16^2)$，那么他们的平均得分

$$\overline{X} = \frac{1}{9}\sum_{i=1}^{9} X_i \sim N\left(100,16^2/9\right),$$

因此所求的概率就是

$$P\left\{\overline{X} > 110\right\} = P\left\{\frac{\overline{X}-100}{16/3} > \frac{110-100}{16/3}\right\} = 1 - \Phi\left(1.875\right) \approx 0.03.$$

叔　叔　鸡　汤

这回的鸡汤没有想出来，应该只是偶然事件.

第十八回

点估计

现代统计学奠基人——费歇尔

　　罗纳德·费歇尔（1890—1962)生于英国伦敦，著名的统计与遗传学家，现代统计科学的奠基人之一，并对达尔文进化论作了基础澄清的工作．安德斯·哈尔德称他是"一位几乎独自建立现代统计科学的天才"，理查·道金斯则认为他是"达尔文最伟大的继承者"，可见他在这两个领域的成就真的非常卓越．

　　上帝是公平的，费歇尔的视力很差，所以他在学习的时候会尽量避开需要动笔动纸的方法．比如在研究几何学问题的时候，他可以不画图而直接以代数表达式代替操作，这项技能真的可以说是天才，其实，数学的特点不就是把宇宙的规律总结成简单的数学语言表达出来吗？而费歇尔就在做这件事．

　　1919年，费歇尔在他工作的农场负责植物播殖实验的设计，并整理了实验农场60年来积累的实验数据，开始发展他的变异数分析理论．他在1925所著的《研究人员的统计方法》的影响力超过半个世纪，遍及全世界．

　　在上一回中，我们讲了抽样的目的就是用已知来估计未知，通过样本的信息推测总体的信息．实际中，我们通常可以根据以往的经验和理论分析，先判断出总体的分布类型，但分布中的一个或几个参数是未知的．例如，想知道感染某感冒病毒后感冒症状会持续几天，根据对类似病毒的观察，可以预测该病毒的持续时间服从正态分布，但不知道其中的参数 μ 和 σ^2．这一回我们就来构造合适的统计量来估计总体中的未知参数．

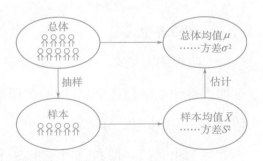

　　假设总体分布中的待估参数为 θ，$X_1, X_2, \cdots, X_n$ 是来自总体的一个样本，$x_1, x_2, \cdots, x_n$ 是相应的一个样本值．点估计问题就是要构造一个适当的统计量 $\hat{\theta}(X_1, X_2, \cdots, X_n)$，用它的观察值 $\hat{\theta}(x_1, x_2, \cdots, x_n)$ 作为未知参数 θ 的近似值．随机变量 $\hat{\theta}(X_1, X_2, \cdots, X_n)$ 叫作 θ 的估计量，$\hat{\theta}(x_1, x_2, \cdots, x_n)$ 叫作估

计值.

常用的点估计方法有两种：矩估计和最大似然估计.

1. 矩估计

矩估计法是基于一种简单的"替换"思想建立的一种估计方法，是由英国统计学家K.Pearson最早提出的. 由大数定理可知，样本矩依概率收敛于总体矩，即当n越来越大时，样本矩接近总体矩的概率会越来越大. 所以，一个简单的想法就是用样本矩来估计总体矩，这个过程总共分为三步：

（1）写出总体k阶矩：$\mu_k = E(X^k)$，显然μ_k含有未知参数θ；

（2）写出样本k阶矩：$A_k = \dfrac{1}{n}\sum\limits_{i=1}^{n}X^k$，$A_k$只与样本有关；

（3）令总体k阶矩=样本k阶矩，即$E(X^k) = \dfrac{1}{n}\sum\limits_{i=1}^{n}X^k$，就得到了一个关于未知参数$\theta$的方程，解出$\theta$的表达式.

实际中，一阶矩和二阶矩用得最多. 比如，假设正态总体$N(\mu, \sigma^2)$的方差是已知的，通过抽样得到了来自这个总体的n个样本$X_1, X_2, \cdots, X_n$，如何用这些样本来估计未知参数μ呢？

利用矩估计法，首先写出总体一阶矩，对于正态分布，X的期望就是参数μ，即$E(X)=\mu$；然后写出样本一阶矩$\dfrac{1}{n}\sum\limits_{i=1}^{n}X_i$，也就是样本均值；最后，令总体矩等于样本矩，得到方程$\mu = \dfrac{1}{n}\sum\limits_{i=1}^{n}X_i$，即$\mu$的矩估计量

$$\hat{\mu} = \frac{1}{n}\sum_{i=1}^{n}X_i.$$

2. 最大似然估计

最大似然估计最早是由数学王子高斯于1821年提出的，不过人们普遍认为这一方法的推广应该主要归功于英国统计学家费舍尔，他于1912年建立了以最大似然估计为中心的点估计理论.

什么是"最大似然估计"呢？从字面上看，它总共包含6个字，可以拆成3个词——"最大""似然""估计"，分别代表如下含义：

"最大"：最大的概率；

"似然"：看起来是这个样子的；

"估计"：推测就是这个样子的.

把它们连在一起，就是以最大的概率看起来是这个样子，推测那就是这个样子. 比如说，当你看到有一个年轻女性带着一个小孩时，你会仔细观察，发现他们的脸型、眼睛、眉毛都很像，那你心里肯定会有一个结论：这个女性就是小孩的妈妈. 这就是最大似然估计的思想，即将高概率出现的事件认为是事实的真相.

对于某个事件A，假设它发生的概率依赖于未知参数θ，如果观察到A已经发生，那么我们会很自然地想到，能不能找到一个θ，使得A发生的概率最大.

首先，我们先来看一下总体X是离散型的情形. 假设X的分布律为$P\{X=x\}=p(x;\theta)$，其中p中含有待估参数θ. 设$X_1, X_2, \cdots, X_n$是来自总体的一个样本，$x_1, x_2, \cdots, x_n$是相应的样本值，那么事件$\{X_1=x_1, X_2=x_2, \cdots, X_n=x_n\}$发生的概率为

$$L(\theta) = P\{X_1 = x_1, X_2 = x_2, \cdots, X_n = x_n\} = \prod_{i=1}^{n} P\{X_i = x_i\} = \prod_{i=1}^{n} p\{x_i; \theta\}.$$

显然，$L(\theta)$是关于θ的函数，称为似然函数. 根据最大似然原理，如果抽样结果$\{X_1=x_1, X_2=x_2, \cdots, X_n=x_n\}$发生了，我们就有理由认为这个事件发生的概率是最大的，因此我们只要选择合适的θ，使似然函数取最大值就可以了.

类似地，当总体X是连续型的时候，设其概率密度为$f(x)$，那么似然函数可以构造为如下形式：

$$L(\theta) = \prod_{i=1}^{n} f\{x_i; \theta\}.$$

最后，我们来总结一下最大似然估计的步骤，仍然是三步：

（1）构造似然函数：

$$L(\theta) = \begin{cases} \prod_{i=1}^{n} p\{x_i; \theta\}, & X\text{为离散型}r.v., \\ \prod_{i=1}^{n} f\{x_i; \theta\}, & X\text{为连续型}r.v.. \end{cases}$$

（2）对$L(\theta)$取对数：

$$\ln L(\theta) = \begin{cases} \sum_{i=1}^{n} \ln p\{x_i; \theta\}, & X为离散型r.v., \\ \sum_{i=1}^{n} \ln f\{x_i; \theta\}, & X为连续型r.v.. \end{cases}$$

我们知道，对数函数是单增的，所以求$L(\theta)$的最大值，就等价于求$\ln L(\theta)$的最大值.

（3）令$\dfrac{\mathrm{d}}{\mathrm{d}\theta}\ln L(\theta)=0$，解出$\theta$的最大似然估计值$\hat{\theta}$.

上面学会了两种点估计的方法，那么问题又来了，如果两种估计方法得到的估计量不一样，那么孰好孰差呢？事实上，我们有一些标准.

3. 估计量的评选标准

首先，要比无偏性，就是看估计量$\hat{\theta}$在平均意义下是否等于总体的参数θ. 当$E(\hat{\theta})=\theta$成立时，我们称$\hat{\theta}$为θ的无偏估计；如果两个估计量都满足无偏性，那需要继续比较它们的有效性，我们认为方差越小，离中心位置偏离的程度越小，那么用这个统计量进行估计就越有效；除此之外，还可以比较它们的相合性（一致性），即$\hat{\theta}$是否依概率收敛到θ.

评选标准	定义	说明
无偏性	若$E(\hat{\theta})=\theta$，则称$\hat{\theta}$为θ的无偏估计量	θ的无偏估计量不唯一
有效性	若$D(\hat{\theta}_1) \leq D(\hat{\theta}_2)$，则称$\hat{\theta}_1$比$\hat{\theta}_2$更有效	在无偏的条件下，才能比较有效性
相合性	若$\hat{\theta} \xrightarrow{P} \theta$，则称$\hat{\theta}$为$\theta$的相合估计量	

例1 设X的分布律如下表，其中$0 < \theta < \dfrac{1}{2}$，未知.

X	0	1	2	3
p_k	θ^2	$2\theta(1-\theta)$	θ^2	$1-2\theta$

现抽取了容量为9的样本，样本之中有1个0、4个1、1个2、3个3.

求θ的矩估计和最大似然估计.

解：（1）求θ的矩估计.

写出总体一阶矩：

$$E(X)=0 \cdot \theta^2+1 \cdot 2\theta(1-\theta)+2 \cdot \theta^2+3 \cdot (1-2\theta)=3-4\theta.$$

写出样本一阶矩：

$$\frac{1}{n}\sum_{i=1}^{n}X_i = \overline{X}.$$

令总体矩等于样本矩：

令$3-4\theta = \overline{X}$，解得矩估计量 $\hat{\theta}=\dfrac{3-\overline{X}}{4}$.

这里，$\overline{X}=\dfrac{1\times0+4\times1+1\times2+3\times3}{9}=\dfrac{5}{3}$，故$\theta$的矩估计值为 $\hat{\theta}=\dfrac{3-\dfrac{5}{3}}{4}=\dfrac{1}{3}$.

（2）求θ的最大似然估计.

①构造似然函数，就是把样本（1个0、4个1、1个2、3个3）对应的概率乘在一起：

$$L(\theta)=\theta^2 \cdot [2\theta(1-\theta)]^4 \cdot \theta^2 \cdot (1-2\theta)^3=16\theta^8(1-\theta)^4(1-2\theta)^3.$$

②对$L(\theta)$取对数：

$$\ln L(\theta)=\ln 16+8\ln\theta+4\ln(1-\theta)+3\ln(1-2\theta).$$

③令$\dfrac{\mathrm{d}}{\mathrm{d}\theta}\ln L(\theta)=0$：

$$\begin{aligned}
\text{令}\ \frac{\mathrm{d}}{\mathrm{d}\theta}\ln L(\theta)&=0+\frac{8}{\theta}-\frac{4}{1-\theta}-\frac{6}{1-2\theta}\\
&=\frac{2}{\theta(1-\theta)(1-2\theta)}(4-17\theta+15\theta^2)\\
&=\frac{2}{\theta(1-\theta)(1-2\theta)}(3\theta-1)(5\theta-4)=0,
\end{aligned}$$

解得$\hat{\theta}_1=\dfrac{1}{3}$，$\hat{\theta}_2=\dfrac{4}{5}$（舍去）．最大似然估计值为$\hat{\theta}=\dfrac{1}{3}$.

例2　设总体X的分布密度$f(x)=\begin{cases}\dfrac{2x}{\theta^2},&0<x<\theta,\\[2mm]0,&\text{其他,}\end{cases}$其中$\theta>0$，未知$X_1$，

$X_2,\cdots,X_n$是取自X的样本，求（1）θ的矩估计；(2)验证$\hat{\theta}$是

否为θ的无偏估计.

解：（1）$\mu_1=E(X)=\displaystyle\int_{-\infty}^{+\infty}xf(x)\mathrm{d}x=\int_0^\theta\frac{2x^2}{\theta^2}\mathrm{d}x=\frac{2}{3}\theta,$

$$A_1=\overline{X}=\frac{1}{n}\sum_{i=1}^n X_i,$$

令$\mu_1=A_1$，即$\dfrac{2}{3}\theta=\overline{X}$，解得$\hat{\theta}=\dfrac{3}{2}\overline{X}.$

（2）验证$\hat{\theta}$是否为θ的无偏估计.

由于

$$E(\hat{\theta})=E\left(\frac{3}{2}\bar{X}\right)=\frac{3}{2}E(\bar{X})=\frac{3}{2}E(X)=\frac{3}{2}\cdot\frac{2}{3}\theta=\theta,$$

因此$\hat{\theta}$是θ的无偏估计.

 某公司聘请大学生从事网络兼职工作，假设大学生每星期用于网络兼职的时间X服从正态分布$N(\mu,\sigma^2)$，现随机抽取了10名大学生，统计了他们每周兼职的平均时长（单位：分钟）分别为：115、122、130、127、149、160、152、138、149、180. 试用最大似然估计求出未知参数μ和σ^2的估计量，并计算μ的估计值.

解：记这10名大学生每周兼职时长为X_i，显然$X_i \sim N(\mu,\sigma^2)$，且X_i的概率密度函数为

$$f(x_i)=\frac{1}{\sqrt{2\pi}\sigma}\exp\left\{-\frac{1}{2\sigma^2}(x_i-\mu)^2\right\}.$$

（1）构造似然函数：

$$L(\mu,\sigma^2)=\prod_{i=1}^{10}f(x_i)=\prod_{i=1}^{10}\frac{1}{\sqrt{2\pi}\sigma}\exp\left\{-\frac{1}{2\sigma^2}(x_i-\mu)^2\right\}$$

$$=(2\pi)^{-5}(\sigma^2)^{-5}\exp\left\{-\frac{1}{2\sigma^2}\sum_{i=1}^{10}(x_i-\mu)^2\right\},$$

与之前的例子不同，$L(\mu, \sigma^2)$是一个关于μ和σ^2的二元函数，如何求二元函数的极值呢？我们可以对这两个变量分别求导，并令导数为零.

（2）对$L(\mu, \sigma^2)$取对数：

$$\ln L(\mu, \sigma^2) = -5\ln(2\pi) - 5\ln(\sigma^2) - \frac{1}{2\sigma^2}\sum_{i=1}^{10}(x_i - \mu)^2,$$

（3）同时令 $\begin{cases} \dfrac{\mathrm{d}}{\mathrm{d}\mu}\ln L(\mu, \sigma^2) = 0, \\ \dfrac{\mathrm{d}}{\mathrm{d}\sigma^2}\ln L(\mu, \sigma^2) = 0, \end{cases}$ 得到方程组：

$$\begin{cases} \dfrac{\mathrm{d}}{\mathrm{d}\mu}\ln L(\mu, \sigma^2) = \dfrac{1}{\sigma^2}\left(\sum_{i=1}^{10}x_i - 10\mu\right) = 0, \\ \dfrac{\mathrm{d}}{\mathrm{d}\sigma^2}\ln L(\mu, \sigma^2) = -\dfrac{5}{\sigma^2} + \dfrac{1}{2(\sigma^2)^2}\sum_{i=1}^{10}(x_i - \mu)^2 = 0. \end{cases}$$

解出μ和σ^2的估计量为：

$$\hat{\mu} = \overline{X} = \frac{1}{10}\sum_{i=1}^{10}X_i, \hat{\sigma}^2 = \frac{1}{10}\sum_{i=1}^{10}(X_i - \overline{X})^2.$$

代入样本值，算出μ的估计值为：

$$\hat{\mu} = \frac{1}{10}\sum_{i=1}^{10}x_i = \frac{1}{10}(115 + 122 + 130 + 127 + 149 + 160 + 152 + 138 + 149 + 180)$$

$$= 142.2$$

概率统计入门的第一版到这里也未完待续了，和微积分入门一样，概率统计还有很多内容可以写，等到以后再版时会继续扩充.

"高数叔"团队集合了一群有教育理想，想为学生做点实事的教育行业工作者，坚持把学生的感受放在第一位，励志尽己所能让学习这件事不再是"枯燥"的代名词，其实学习也可以很有趣，学习也可以是一种时尚！"高数叔"出品的首要原则，就是让学生知道自己是被重视的！所以，"高数叔"系列书籍一定是大家最有可能读懂的教材辅助读物.

可能对很多人来说，数学是自童年起最无法磨灭的伤痛，因为实在是学也学不会，甩也甩不掉. 好不容易熬过高考到了大学，微积分、概率统计和线性代数好似在你尚未愈合的伤口上无情地涂抹孜然、辣椒面、老干妈、蒜蓉辣酱……

为什么数学如此不受欢迎呢？因为学数学就像是给你的思维健身增肌，经常健身的人都知道，肌肉的增长要通过器械拉伸，相当于将肌肉撕裂后重新生长，最后变成大力水手的模样，这个过程要忍受各种酸痛和无力. 而学数学也一样，数学在强制拉伸你的思维，这个过程你可能会感到无力和烦躁，甚至大脑抽筋！其实上学本身就是一场修行，语数外这三科，语文是你血液里流淌的民族思维，英语是让你了解其他种族的人如何思维，而数学是让你了解自然规律和探究内心的思维．只有了解数学，你才能了解世界，只有掌握数学，你才能拥有改变世界的工具．

所以，少年，不要拒绝改变世界的命运，因为你出生在世界改变的年代！如果你还很茫然，不知该做些什么，那请静下心，翻开一本书，也许这里有你想要的答案！一本能够改变世界的书，背后少不了无数人的付出。比如高数叔团队的乔木（木叔）、李东旭（Tom叔）、潘秀娟（娅秀），改变世界的道路上不能没有你们！此外，还要感谢孙静、王鹏、郭云莲、张毅、李孟芹、张怀文、奚凤兰、刘长生、王冠、刘哲夫、刘川枫、魏韶杰、魏瑞丰、奚凤春、孙冉、杨静、张玉珍、杨鸣放、华鸿鹏、陈智星、曹斌等。

感谢所有为这本书的出版付出过的人们，更要感谢所有在科学发展道路上做出贡献的前辈们！我们并没有创造新的知识，也没有发明新的理论，我们只是将先贤的智慧总结出来，翻译成当代语言，让更多人读懂看懂这些来自"神的语言"！

读者意见有奖征集

尊敬的读者朋友：

　　你好！感谢您购买本书并填写本问卷给我们提出宝贵意见。我们将定期从读者信息反馈中评选出有价值的意见和建议，并为填写这些信息的读者朋友免费赠送石油工业出版社出版的一本好书。本问卷所收集到的资料都将严格保密，请放心填写。可用手机扫二维码进行在线填写，也可手工填写邮寄给我们。

《高数叔概率统计入门》

您是如何获得本书的?

□书店购买　　　□网上购买　　　□朋友赠送　　　□其他

您的身份:

□高中生　　　□大学生　　　□研究生　　　□在职人员　　　□其他

您对本书的意见和建议:

_____

_____

您的资料:

姓名_____　　性别_____　　年龄_____　　手机号_____

微信号_____　电子邮件_____

通信地址_____

我们的联系方式:

地址：北京市安定门外安华西里3区18号楼1101　　王海英

邮编：100011　　E-mail: 41964813@qq.com

销售部电话：010-64523731　　010-64523633　　编辑部电话：010-64523610